선요의 일상 파스타

오늘도 수고한 나를 위해 근사한 한 접시
선요 지음

선요의 일상 파스타

Contents

Chapter 2
Cream Pasta

Chapter 3
Oil Pasta

Chapter 4
Cold Pasta

내 기억 속 가장 오래된 파스타는 엄마가 만들어준 '토요일의 파스타'다. 갓 중학생이 되었을 무렵 엄마가 파스타 만드는 방법을 배웠다며 토마토를 한가득 사 온 적이 있다. 엄마가 알려주는 대로 동생과 함께 데친 토마토 껍질을 정성스럽게 벗기면 엄마는 그 토마토를 활용해 다진 고기를 잔뜩 넣은 토마토소스를 만들었다. 동생과 나는 우리의 정성이 가득 담긴 엄마표 파스타를 참 좋아했다. 그 후로 여름방학이 시작될 무렵이면 엄마의 장바구니엔 늘 제철 토마토가 담겨 있었다.

엄마는 무더운 날씨에도 토요일만 되면 빼놓지 않고 파스타를 만들었다. 보글보글 소스 끓는 소리가 들리면 우리 자매는 거실에 상을 펴고 냄비 받침은 한가운데에, 꽃무늬 코렐 접시는 각자 자리에 둔 채 엄마의 뒷모습만 바라보았다. 토마토소스의 진한 향은 주말의 시작을 알리는 신호 같았다. 우리는 작은 거실에 모여 파스타를 먹으면서 각자의 한 주를 돌아보곤 했다.
지금 생각하면 라구 파스타라고 하기엔 소스는 너무 묽고, 일반적인 토마토 파스타라고 말하기엔 고기가 토마토만큼이나 많았던 정체불명 파스타였지만 간결하면서도 깊은 풍미가 느껴졌다. 그때의 파스타 맛은 시간이 흘러도 여전히 내 입안에 생생하게 남아 있다.

'토요일의 파스타'는 나에게 음식 이상의 의미를 지닌다. 단순한 파스타 요리를 넘어 가족과 함께하는 시간의 소중함을 가르쳐준, 언제든 꺼내 보아도 마음이 포근해지는 나만의 원동력인 셈이다. 그렇게 세월이 흘러 성인이 되어 중고 서점에서 우연히 발견한 파스타 책을 계기로 나만의 파스타를 만들어 보기 시작했다. 대단히 새로운 레시피는 아니었지만 지친 하루의 끝에 나를 위로하기엔 이만한 것이 없었다. 퇴근 후 나를 위해 근사한 한 끼를 만들어 먹으며 고된 하루를 무사히 이겨낼 수 있었다.

엄마에게 '토요일의 파스타'를 다시 만들어달라고 부탁하면 이제는 내가 만든 파스타가 더 맛있다며 거절한다. 하지만 나는 그 맛을 어떻게 해도 재현할 수 없다. 세계 최고 요리사도 따라 할 수 없는 시간과 추억이 어우러진 맛이기 때문에. 나는 추억의 힘을 믿는다. 추억의 맛은 힘이 세다. 이 책에 담긴 레시피가 당신에게 '토요일의 파스타'처럼 추억의 맛이 되길 바라며, 당신의 특별하고 평범한 일상을 이 책과 함께 다져가기를 진심으로 바란다.

Pasta kitchen

Intro

일러두기

-   이 책에 소개된 모든 재료와 분량은 1인분(1접시) 기준입니다. 기준과 다른 메뉴는 재료 옆에
    별도로 표기했습니다.

-   이 책의 계량은 계량스푼을 기준으로 하였으며, 1국자 기준 액체류는 35㎖이고, 1큰술 기준
    액체류는 15㎖, 가루류는 15g, 1작은술 기준 액체류는 5㎖, 가루류는 5g입니다. 간을 보며
    입맛에 맞게 자유롭게 가감해주세요.

-   인덕션을 사용할 경우 중약불은 4, 약불은 3으로 맞춰주세요.

-   면을 익히는 정도는 레시피마다 별도로 표기했습니다.

-   재료에 소개된 파스타 면과 꼭 동일하게 사용하지 않아도 되지만, 소스와 잘 어울리는 면을
    추천하였으니 같은 면을 사용하면 더 맛있게 즐길 수 있습니다.

-   재료 이미지는 분량과 무관하니 표기된 분량으로 준비해주세요.

01

파스타 면

맛있는 파스타를 만드는 가장 첫 번째 관문은 바로 소스와 잘 어울리는 면을 선택하는 것이다. 어떤 면을 사야 할지 모를 경우엔 우선 '동압출' 파스타를 골라보자. 포장지에 '알 브론조al bronzo'라고 적혀 있는 동압출 파스타는 말 그대로 청동으로 된 압출기로 뽑아낸 면을 뜻한다. 동압출 파스타는 표면에 미세한 구멍이 나 있어 소스가 잘 배는 것이 특장점이다. 소스가 겉돌지 않고 면에 잘 스며들기 때문에 한층 더 맛있는 파스타를 만들 수 있다.

파스타는 주로 듀럼밀, 물, 소금으로만 반죽하여 만든 면이 기본이지만 요즘 은 달걀, 통밀, 시금치, 렌틸콩 등 다양한 식재료를 넣어 만든 면도 쉽게 구할 수 있으니 때에 따라 적절히 골라 활용해보자. 이 책에는 총 17가지 파스타 면을 소개하는데, 소스 혹은 재료의 식감에 맞춰 최대한 다양한 면을 활용했 다. 모두 마트나 온라인 몰에서 쉽게 구할 수 있으니 가끔은 생소한 면에 도전 해보길 바란다. 이 책을 통해 나만의 방식으로 만든 최고의 파스타 조합을 찾 아보자.

파파르델레

탈리아텔레

비골리

푸실리 알 페레토

리차

링귀네

통밀 스파게티

스파게티

롱 파스타

○ **스파게티**_Spaghetti_

파스타 하면 쉽게 떠올리는 너비 2mm의 가늘고 긴 면. 대중적으로 많이 사용하는 면이다. 이 책에 나오는 대부분의 레시피와 무난하게 잘 어울린다.

○ **링귀네**_Linguine_

스파게티를 납작하게 누른 모양으로 너비 4mm의 롱 파스타. 해산물을 넣은 오일 파스타와 잘 어울린다. 특히 봉골레를 만들 때 꼭 링귀네를 사용한다.

○ **리차**_Riccia_

너비 1.5cm로 링귀네보다 넓고 테두리가 구불구불한 모양이 특징. 마팔디네Mafaldine라고도 불린다. 토마토소스와 잘 어울리며 구불구불한 테두리 특성상 오래 삶으면 갈라질 수 있어 알덴테로 삶는 것이 좋다.

○ **푸실리 알 페레토** _Fusilli al Ferretto_

납작한 반죽을 돌돌 말아 만든 스크루 모양이 특징. 다른 면보다 두꺼워 더 오래 삶아야 하지만 쫄깃하고 도톰한 식감이 장점이다. 토마토소스 혹은 매운 소스와 잘 어울린다.

○ **탈리아텔레**_Tagliatelle_

너비 8mm 정도의 납작한 롱 파스타. 육류를 넣은 토마토소스와 궁합이 좋지만 채소와 치즈를 곁들인 버터소스와도 잘 어울린다.

○ **파파르델레**_Pappardelle_

2~3cm 너비의 롱 파스타. 면적이 넓어 식감이 좋고 대체로 모든 소스와 잘 어울린다. 그중에서 크림이나 짭짜름한 해산물 베이스 소스와 조리하는 것을 추천한다.

○ **비골리**_Bigoli_

우동 면과 닮은 굵은 롱 파스타. 국내에서는 건조된 시판 비골리를 구하기 어렵지만 생면을 취급하는 상점에서 구매할 수 있다. 각종 페스토나 크림 소스와 궁합이 좋다. 파스타 제면기가 있다면 직접 만들어보는 것을 추천한다. 한 번에 4~5인분을 만들어 냉동해두고 사용하면 편리하다.

푸실로네

펜네

카사레차

오레키에테

루마케

푸실리

쇼트 파스타

○ 푸실리 *Fusilli* **/ 푸실로네** *Fusillone*

길이 4cm 정도의 스크루 모양 파스타. 구불구불한 홈의 간격이 넓어 소스와 재료를 잘 머금는 특징이 있다. 여러 소스와 무난하게 잘 어울린다. 푸실로네는 푸실리보다 전체적으로 크기가 좀 더 크다.

○ 펜네 *Penne*

펜촉 모양이 특징인 길이 5cm 정도의 원통형 파스타. 겉면에 세로로 홈이 있어 소스가 잘 묻고 육류를 활용한 소스와 궁합이 좋다. 포크로 콕콕 찍어 먹기 편해 콜드 파스타에도 자주 활용한다.

○ 루마케 *Lumache*

달팽이 집 모양의 파스타. 한쪽에 구멍이 나 있고 다른 한쪽은 닫혀 있어 소스를 잘 머금는다. 크림소스 혹은 콜드 파스타용으로 추천한다.

○ 오레키에테 *Orecchiette*

짧은 귀 모양의 파스타. 표면이 거칠고 전분기가 묻어난다. 버터소스나 크림소스와 조리하면 소스가 잘 스며들어 특유의 쫀득한 식감을 느낄 수 있다.

○ 카사레차 *Casareccia*

길이 5cm 정도의 말린 양피지 모양의 파스타. 토마토소스와도 잘 어울리지만 샐러드 파스타에 적격이다. 차갑게 식혀 먹으면 쫄깃한 식감이 살아난다.

메제 마니케

트로톨레

파케리

리가토니

○ 파케리 *Paccheri*

길이 4cm, 직경 2~3cm의 크고 두꺼운 튜브 모양 파스타. 소스와 재료를 잘 담아내기 때문에 육류를 활용한 소스의 풍미를 잘 살린다. 묵직한 라구나 볼로네제에 파케리를 사용한다.

○ 리가토니 *Rigatoni*

길이 4.5cm, 직경 7mm의 튜브 모양 파스타. 토마토, 크림, 페스토 등 다양한 소스와 활용하기 좋다.

○ 메제 마니케 *Mezze Maniche*

리가토니보다 짧은 길이 2cm, 직경 7mm 정도의 튜브 모양 파스타. 수분이 적은 꾸덕한 소스와 잘 어울린다. 토마토 퓌레나 생크림을 활용하여 만든 소스와도 궁합이 좋다.

○ 트로톨레 *Trottole*

길이 4cm의 팽이 모양 파스타. 깊은 홈이 나 있어 재료를 잘게 다져 넣은 크림소스와 가장 잘 어울린다.

02

치즈

치즈는 파스타의 풍미를 한층 더 끌어올리는 중요한 역할을 하기 때문에 파스타에 빠질 수 없는 재료다. 먼저 이탈리아산 정통 치즈를 구매할 때는 D.O.P(Denominazione di Origine Protetta, 유럽연합 인증 원산지 명칭 보호 제품) 마크를 확인하자. 원재료의 재배 및 수확부터 제조 과정까지, 이탈리아 전통 방식으로 생산한 제품 가운데 최고 등급에 부여되는 식품 인증이다. 파르미지아노 레지아노, 그라나 파다노, 페코리노 로마노 치즈 등이 여기에 해당한다. 치즈는 개봉하면 공기와 수분에 노출되기 때문에 가급적 빨리 소비하는 것이 좋지만, 우리는 이탈리아 사람들처럼 파스타를 자주 먹지 않으니 장기간 사용할 수밖에 없다. 그래서 보관 방법이 중요하다. 기본적으로 치즈를 다룰 때는 손과 그레이터를 깨끗하게 닦고 물기를 완전히 말린 뒤에 사용해야 한다. 사용한 치즈는 단면에 묻은 가루를 깨끗하게 털고 키친타월 두세 겹으로 감싸서 밀폐용기에 보관하면 곰팡이 없이 깔끔하게 오래 쓸 수 있다. 치즈는 냉동 보관 시 맛과 향이 변질되기 쉬우므로 냉장 보관하는 것을 추천한다. 오른쪽 사진은 이 책에서 자주 사용한 치즈들이다. 익숙한 모차렐라 치즈부터 생소할 수 있는 블루치즈까지 소개했으니 하나씩 구비해서 여러 파스타에 활용해보길 바란다.

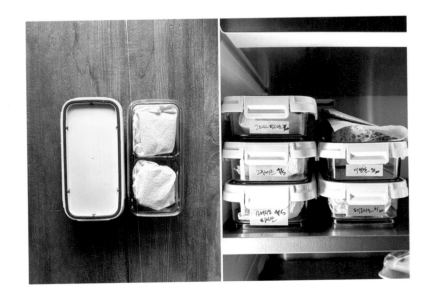

그라나 파다노 치즈

파르미지아노 레지아노 치즈

베치오
르메산 치즈

에멘탈 치즈

브리 치즈

블루치즈

페코리노 로마노 치즈

모차렐라 치즈

그뤼에르 치즈

페타 치즈

○ **파르미지아노 레지아노 치즈** *Parmigiano-Reggiano Cheese*

적당한 염도와 깊은 풍미를 가지고 있어 이탈리아 요리에 필수로 사용하는 치즈. 이탈리아 북부에서 생산되며 12개월부터 40개월까지 숙성 기간에 따라 풍미가 달라진다. 취향에 따라 다를 수 있지만, 숙성 기간이 길수록 쿰쿰한 향이 강해지기 때문에 24개월 정도가 파스타에 사용하기 적당하다.

○ **페코리노 로마노 치즈** *Pecorino Romano Cheese*

양젖으로 만든 치즈. 이탈리아에서 역사가 오래된 치즈 중 하나다. 양젖 특유의 진하고 쿰쿰한 풍미가 있어 카르보나라, 카초 에 페페 등에 사용된다. 다른 치즈보다 짠맛이 강하기 때문에 전반적으로 간을 약하게 하는 것이 좋다.

○ **그라나 파다노 치즈** *Grana Padano Cheese*

파르미지아노 레지아노와 비슷하게 생겨서 육안으로 구분하기 어렵지만 맛과 향은 다르다. 그라나 파다노 치즈가 파르미지아노 레지아노 치즈보다 숙성 기간이 비교적 짧아 맛과 향이 좀 더 순하다. 숙성된 치즈의 향이 취향에 맞지 않다면 그라나 파다노 치즈를 활용해보자.

○ **모차렐라 치즈** *Mozzarella Cheese*

소젖으로 만든 희고 말랑한 이탈리아 치즈. 숙성 치즈 특유의 냄새가 없어 치즈 초심자들도 부담 없이 먹을 수 있다.

○ **에멘탈 치즈** *Emmental Cheese*

'치즈' 하면 떠오르는 구멍 송송 나 있는 모양의 치즈가 바로 에멘탈이다. 스위스를 대표하는 치즈로 은은한 견과류 향이 나며 지방 함량이 높아 적은 양을 사용해도 풍부한 맛과 향을 느낄 수 있다.

○ **블루치즈** *Blue Cheese*

푸른 곰팡이를 넣어 숙성시킨 치즈. 고르곤졸라, 스틸턴 등 다양한 종류가 있으며 푸른 곰팡이 특유의 톡 쏘는 향 때문에 호불호가 갈린다. 그러나 적절한 양을 사용한다면 매력적인 풍미를 내는 파스타를 만들 수 있다. 비교적 향이 강하지 않은 블루치즈를 원한다면 '벨조이오소'의 '블루치즈 크럼블' 제품을 추천한다.

○ 그뤼에르 치즈 *Gruyère Cheese*

에멘탈 치즈와 더불어 스위스를 대표하는 치즈. 퐁듀 치즈로도 유명하다. 에멘탈 치즈처럼 견과류 향이 나는 고소한 우유 맛이지만 그뤼에르 치즈는 소금물에서 염장 과정을 거치기 때문에 짠맛이 더 강하다.

○ 사베치오 파르메산 치즈 *Sarvecchio Parmesan Cheese*

이탈리아의 파르미지아노 레지아노 치즈 제조 방식을 미국식으로 풀어낸 치즈. 대개 파르미지아노 레지아노와 파르메산을 동일한 것으로 보지만, 이 책에서는 구분하여 사용했다. 사베치오 파르메산 치즈는 결정이 뚜렷하고 쉽게 부서지는 질감을 갖고 있다. 잘게 갈아서 달걀노른자와 섞어 소스로 사용하거나 콜드 파스타에 뿌려 먹으면 좋다.

○ 페타 치즈 *Feta Cheese*

양젖으로 만든 그리스 치즈. 가장 오래된 치즈 중 하나로, 직육면체 형태로 유통된다. 작게 잘라서 콜드 파스타나 샐러드에 활용하기 좋다. 매우 짠 편이므로 요리에 활용한다면 간을 약하게 하는 것이 좋다.

○ 브리 치즈 *Brie Cheese*

프랑스 브리 지방에서 생산되는 치즈로 크림 같은 부드러운 질감과 견과류, 과일의 풍부한 향이 특징이다. 그대로 먹는 것보다 녹여 먹어야 브리 치즈 특유의 향을 더욱 풍부하게 느낄 수 있다.

03

자주 사용하는 도구

적절한 도구를 사용하면 좀 더 편리하고 빠르게 파스타를 만들 수 있으며, 사용하는 도구에 따라 파스타 맛이 달라지기도 한다. 예를 들어 파스타를 만들 때는 스테인리스 팬이 일반 팬보다 적합하다. 열이 고르게 분산되어야 면이 원하는 정도에 맞게 익고, 소스의 농도를 맞출 수 있기 때문이다. 열전도율이 낮은 일반 팬은 정해진 시간에 조리하기 어려워 소스가 원치 않게 묽거나 진해지고, 면이 덜 익거나 지나치게 익어 퍼질 위험이 있다. 파스타는 식감이 맛을 좌우하기 때문에 시간에 맞춰 조리하는 것이 포인트다.

또한 파파르델레나 리차처럼 면적이 넓은 파스타는 뭉툭한 집게로 조리하면 갈라지거나 찢어질 수 있기 때문에 꼭 젓가락으로 조리해야 한다. 반면 쇼트 파스타는 면적이 넓은 주걱으로 조리해야 소스가 골고루 밴다. 이렇듯 파스타마다 어울리는 도구가 따로 있다. 파스타를 만들 때 적어도 한 번은 사용하는, 빼놓을 수 없는 도구 몇 가지를 소개한다.

샐러드 서버

유리 볼

치즈 그레이터

작은 체

스테인리스 팬

유리 계량컵

주걱

큰 체

튀김용 젓가락

○ 스테인리스 팬

스테인리스 팬은 열전도율이 높고 열이 고르게 분산되기 때문에 파스타를 만들 때 사용하기 적절하다. 바닥에 눌어붙은 육류나 해산물에 액체를 첨가해 디글레이징하여 소스를 만들기도 좋다. 재료가 잘 눌어붙는 성질이 있어 처음 사용할 땐 불편하다고 느낄 수 있으나, 적절한 예열과 온도 조절 방법을 숙지하면 특별한 관리 없이도 오래 쓸 수 있다.

○ 치즈 그레이터

단단한 치즈뿐만 아니라 레몬과 라임 껍질을 눈꽃처럼 잘게 갈 때 사용한다. 때에 따라 다양한 크기로 갈고 싶다면 '옥소'의 '굿그립 멀티 4면 그레이터'를 추천한다. 스탠드형 강판으로 네 개의 면에 두께가 각각 다른 날이 있어 용도에 맞게 활용할 수 있다.

○ 유리 볼

소스를 만들 때 혹은 면 위에 바로 소스를 부어 버무려야 하는 콜드 파스타를 만들 때 사용한다. 유리 볼은 다른 그릇에 비해 냄새가 잘 배지 않아 유용하다. 내열 강화 유리로 만든 제품을 선택하자.

○ 큰 체 / 작은 체

파스타를 만들다 보면 여러 이유로 시간이 지체되어 삶은 면을 방치할 수 있기 때문에 건져 체에 밭쳐두는 것이 좋다. 체에 밭쳐두면 면이 뭉칠까 봐 우려되겠지만, 팬에 면을 넣고 면수를 1국자 뿌려 살살 풀어내면 원래 상태로 돌아온다. 콜드 파스타용 면을 찬물에 헹구는 용도로 사용하기에도 좋다. 작은 체는 쇼트 파스타를 팬에 옮길 때 사용한다.

○ 유리 계량컵

액체를 계량할 때 사용하며, 페스토 혹은 면수를 담아두는 용도로도 사용한다.

○ 샐러드 서버

콜드 파스타처럼 재료와 소스를 한데 넣고 섞을 때 자주 사용한다. 재료와 닿는 면이 넓고 굴곡이 얕아 부서지기 쉬운 재료를 망가트리지 않고 소스와 잘 섞을 수 있다.

○ 튀김용 젓가락

면을 건질 때, 특히 재료를 뒤집거나 휘저을 때 모두 시중에서 판매하는 기다란 튀김용 젓가락을 사용하면 편리하다. 롱 파스타를 기다란 젓가락에 돌돌 말아 그대로 그릇에 살포시 올리면 멋들어진 플레이팅 끝!

○ 주걱

디글레이징을 할 때, 눌어붙은 재료를 긁거나 덩어리를 꾹 누르거나 으깰 때 유용하다. 파스타를 그릇에 옮길 때 소스를 남김없이 긁어내기에도 좋다.

자주 사용하는 재료

파스타를 즐겨 만들다 보면 자연스럽게 파스타와 잘 어울리면서 자주 사용하게 되는 식재료를 파악할 수 있다. 일부는 결국 주방 필수 아이템으로 자리잡게 되는데, 그중 파스타 요리에 빠질 수 없는 식재료들을 소개한다. 원재료가 같더라도 제조사별로 맛과 풍미가 서로 다르기 때문에 레시피와 동일한 맛을 구현하고 싶은 분들을 위해 자주 쓰는 제품의 브랜드명도 함께 적었다.

○ 홀 토마토 / 토마토 퓌레

-홀 토마토: 프라텔리 롱고바디
-토마토 퓌레: 시리오

홀 토마토는 기다란 모양의 플럼 토마토를 데친 뒤 토마토즙과 함께 캔에 담은 것이다. 플럼 토마토는 국내에 유통되는 동그란 토마토보다 수분이 적고 과육이 단단해서 진하고 감칠맛 나는 토마토소스를 만들 수 있다. 토마토 퓌레는 홀 토마토를 체에 거른 뒤 졸여서 농축한 것이다. 홀 토마토보다 입자가 곱고 걸쭉해서 되직한 소스를 만들 때 활용하기 좋다.

○ 시판 토마토소스

-올리브 토마토소스: 루스티켈라
-포르마조소스: 쿠치나 아모레

요즘에는 손쉽게 이탈리아산 토마토소스를 구할 수 있다. 좋은 토마토소스 한 통만 있어도 짧은 시간 안에 맛있는 파스타가 완성된다. 올리브나 치즈가 듬뿍 들어간 소스를 추천한다. 다른 재료 없이도 충분히 근사한 맛을 낼 수 있다.

○ 크런치 머스터드

-코즐릭스 트리플 크런치 머스터드

크런치 머스터드는 톡톡 튀는 식감이 특징인 홀그레인 머스터드다. 육류나 마늘을 넣은 콜드 파스타에 넣으면 느끼함을 잡아주는 동시에 톡톡 튀는 식감을 더해준다.

○ 엑스트라 버진 올리브유

-프란치 빌라마그라

-라코니코

신선한 올리브유는 산도가 낮고 밝은 황금빛 녹색을 띠며 향긋한 풀내음이 난다. 좋은 엑스트라 버진 올리브유를 선택하는 방법은 제품 설명에 정확한 원산지와 올리브 품종이 명시되어 있는지를 확인하는 것이다. 원산지와 품종에 따라 향과 풍미가 확연히 다르기 때문에 여러 종류를 사용해보고 취향에 맞는 올리브유를 골라보자. 가열용 올리브유는 저렴한 제품을, 콜드 파스타나 마무리용으로 뿌리는 올리브유는 신선한 엑스트라 버진 올리브유를 추천한다. 한번 개봉한 올리브유는 향이 쉽게 변할 수 있으므로 빛이 들지 않는 서늘한 곳에 두고 가급적 빨리 소비하는 것이 좋다.

○ 발사믹 비네거

-라베키아

발사믹 비네거는 콜드 파스타의 풍미를 더하는 데 사용한다. 과일의 단맛을 더해주어 더욱 풍성한 맛을 낼 수 있다. '무화과 발사믹 비네거'는 짙은 무화과 향이 특징이고 단맛이 강하며, '애플&시트러스 발사믹 비네거'는 사과와 감귤의 상큼한 향과 단맛이 어우러져 채소나 육류를 활용한 파스타에 사용하기 좋다. '화이트 발사믹 비네거'는 포도 함량이 높아 해산물과 잘 어울린다. 비린 맛을 잡아주는 동시에 향긋한 포도 향이 다른 발사믹 비네거보다 깔끔한 느낌을 준다.

○ 페페론치노

-산줄리아노

이탈리아 요리에 널리 사용되는 말린 매운 고추. 파스타에 매콤한 맛을 낼 때 사용한다. 육류나 해산물을 재료로 사용할 때 잡내를 없애는 데에도 좋다.

○ 레드페퍼

-칸나멜라

약간의 알싸한 맛을 내는 붉은색 후추 열매. 주로 콜드 파스타에 갈아 넣는데 색을 내기 위해 토핑용으로 사용한다.

○ 크러시드 레드페퍼

-요리하다

다양한 원산지의 매운 고추를 말린 뒤 씨와 껍질까지 모두 갈아낸 향신료. 가열 시 쉽게 탈 수 있어 재료가 거의 다 익었을 때 넣어야 한다.

○ 말린 태국 고추

-온라인숍 구매 가능

'프릭끼누'라고 검색하면 쉽게 구매할 수 있다. 페페론치노보다 더 맵기 때문에 평소에 매운맛을 즐긴다면 페페론치노 대신 사용해보자.

○ 훈제 파프리카 파우더

-라치나타

붉은 파프리카를 훈제해 향을 입힌 뒤 가루를 낸 것으로, 파스타에 훈연향과 색감, 약간의 매운맛을 내는 데 사용한다. 새우 비스크를 만들 때 첨가하여 풍성한 향을 더해보자.

○ 안초비

-델리시우스

안초비는 멸치과의 한 종류로, 뼈를 발라내 염장 숙성한 뒤 필렛 형태로 오일에 담아 판매한다. 한식에서 육수를 낼 때 멸치를 사용하듯 파스타에서도 감칠맛을 낼 때 빼놓을 수 없는 재료다. 자칫 비리다고 느낄 수 있지만 올리브유나 버터와 만나면 비린 맛은 사라지고 깊은 감칠맛을 낸다. 신선한 채소와 안초비만 있으면 맛있는 오일 파스타를 만들 수 있다.

○ 초리소 / 판체타 / 구안찰레

-초리소: 마르티네즈 세라노
-판체타, 구안찰레: 소금집

초리소, 판체타, 구안찰레 모두 염지한 돼지고기다. 고기를 염지하면 훨씬 강한 감칠맛이 나기 때문에 각각 어울리는 소스와 활용하면 엄청난 시너지를 낼 수 있다. '초리소'는 스페인식 매콤한 돼지고기 소시지다. 염장 시 훈제 파프리카 파우더가 들어가기 때문에 은은한 훈연향이 나는 것이 특징. 오일 파스타에 사용하면 면과 다른 재료가 붉게 물들 만큼 강렬한 돼지고기의 감칠맛과 향신료의 향을 느낄 수 있다. '판체타'와 '구안찰레'는 염지 후 훈연을 하지 않은 이탈리아식 햄이다. '판체타'는 돼지 뱃살 부위로 긴 시간 동안 건조하고 숙성하여 베이컨과는 전혀 다른 식감을 낸다. '구안찰레'는 돼지 턱살로 만들었으며 숙성된 지방의 진한 향미와 강한 후추 맛이 특징이다. 지방이 많은 부위라 가열하면 기름(라드)이 많이 나온다. 이 기름으로 소스를 만들면 녹진하고 향이 풍부한 파스타를 만들 수 있다.

○ 절임류

-그린 올리브: 마다마 올리바
-케이퍼: 멜리스
-케이퍼 베리: 뱅고어

'그린 올리브'는 덜 익은 올리브로, 완전히 익은 블랙 올리브보다 아삭하다. '케이퍼'는 케이퍼라는 지중해산 관목의 꽃봉오리를, '케이퍼 베리'는 열매를 통째로 소금과 식초에 절인 것이다. 이 세 가지는 와인이나 연어와 함께 곁들이는 것이 일반적이지만 토마토소스나 오일 베이스 소스에 넣으면 재밌는 식감과 더불어 시원하고 상큼한 맛을 낸다.

○ 레몬 / 라임

파스타에는 즙을 내거나 껍질을 갈아서(제스트) 활용한다. 특히 제스트는 해산물의 비린내를 잡기에 아주 좋다. 플레이팅한 파스타에 제스트를 솔솔 뿌려보자. 코끝을 자극하는 시트러스의 향긋한 풍미로 가득한 파스타가 완성된다. 다만 과일 겉면을 깨끗이 세척한 후 사용해야 한다.

○ 말린 포르치니

-얼바니

소량으로도 감칠맛을 내는 포르치니버섯은 숲속 흙 내음이 난다. 흐르는 물에 세척한 후 물에 불려서 사용한다. 파스타나 리소토에 단독 재료로도 쓰이지만 다른 버섯과 함께 조리하면 더욱더 진한 버섯 향을 느낄 수 있다.

Tomato Pasta

Whole Wheat Spaghetti with Pan-fried Tofu and Tomato Sauce / Paccheri with Ragu / Riccia with Mozzarella and Tomato Sauce / Spaghetti with Caper Berries, Olives and Tomato Sauce / Mezze Maniche with Pancetta and Chilli Tomato Sauce / Fusilli al Ferretto with Herbs, Butter and Tomato Sauce / Bigoli with Cherry Tomatoes and Garlic Pesto

Chapter

1

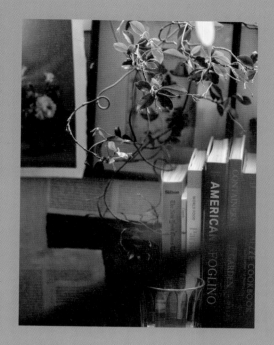

구운 두부 토마토소스 통밀 스파게티

퇴근 후 집에 오면 유독 아무것도 하기 싫은 날이 있다. 오늘 같은 목요일이 그렇다. 주말에 모아둔 에너지는 지난 사흘 동안 다 써버렸다. 그렇다고 끼니를 대충 때우고 싶진 않고, 배달 음식도 당기지 않는다. 냉장고를 열어보니 반 정도 사용하고 남은 두부와 올리브가 들어간 토마토소스가 있다. 설거지는 귀찮으니 팬은 하나만 쓰기로 결정! 바짝 졸여 수분을 날린 토마토소스에 한입 크기로 자른 두부를 곁들이고 향이 좋은 올리브유와 페코리노 치즈로 마무리. 간단하지만 그럴듯한 저녁식사가 완성된다. 구운 두부의 고소한 맛과 양젖으로 만든 페코리노 치즈의 짭짤한 맛이 생각보다 잘 어울린다. 간단하고, 맛있고, 뒷정리도 쉽다. 고단한 하루를 마무리하기에 딱 좋은 한 끼 식사다.

INGREDIENT

25min

통밀 스파게티 90g
올리브 토마토소스 150g
부침용 두부 1/2모
마늘 3쪽
페코리노 로마노 치즈 약간
엑스트라 버진 올리브유 4큰술
면수 1/2국자
면수용 소금 1큰술
소금 약간
후추 약간

1   끓는 물에 소금 1큰술을 넣고 통밀 스파게티를 8분간 삶은 뒤 건져
    체에 밭쳐둔다.

2   두부는 가로세로 2cm 크기로 깍둑썰기하고, 키친타월로 살짝 눌러
    물기를 제거한다. 마늘은 편으로 썬다.

3   약불에 팬을 올리고 올리브유 2큰술을 두른 뒤 두부를 올린다.
    두부는 후추와 소금으로 간하고 모든 면이 노릇해질 때까지 구운 뒤
    그릇에 따로 담아둔다.

4   같은 팬에 올리브유 1큰술을 두르고 마늘을 볶는다.

5   마늘이 노릇해지면 면수와 올리브 토마토소스를 넣고 3분간 끓인다.
    꾸덕한 식감을 원한다면 1분 더 끓인다. 불을 끄고 취향에 맞게
    소금과 후추를 뿌린다.

6   접시에 스파게티를 옮겨 담고 그 위에 소스를 끼얹은 다음 구운
    두부를 올린다.

7   파스타에 올리브유 1큰술을 두르고 페코리노 치즈를 취향대로
    갈아서 뿌린다.

TIP

· 좀 더 담백한 맛을 원한다면 두부를 굽지 않고 으깨어 소스에 넣어보세요.

라구 파케리

라구를 처음 만들었던 때는 추운 겨울이었다. 그때 너무 맛있게 먹었던 기억 때문인지 매년 겨울이면 라구가 떠올라 한 솥 가득 만들어둔다. 전통적인 레시피는 각종 허브와 레드와인, 소갈빗살까지 들어간다. 집에서 만들기엔 비용과 시간이 만만치 않게 들기 때문에 소갈빗살을 대신해 소고기와 돼지고기를 섞어 쓰고, 허브는 이탈리안 파슬리 한 가지만 사용한다. 소스를 젓다가 팔이 아프기 시작할 즈음이면 부엌은 향긋한 라구 냄새로 가득하다. 라구는 스파게티, 페투치네, 라자냐 등 어떤 파스타와도 잘 어울리지만 그중 소스를 듬뿍 머금는 것이 특징인 구멍 뚫린 파케리와 리가토니가 가장 좋다.

INGREDIENT

라구소스(7인분)

홀 토마토 통조림 1.6kg

다진 소고기 200g

다진 돼지고기 600g

양파 2개

이탈리안 파슬리 1줌

셀러리 7~8대

굴소스 2큰술

화이트와인 50㎖(생략 가능)

올리브유 3큰술

소금 약간

후추 약간

파스타(1인분)

파케리 100g

라구소스 3국자

다진 마늘 1작은술

사베치오 파르메산 치즈 30g

올리브유 1큰술

면수 1국자

면수용 소금 1큰술

소금 약간

후추 약간

2

3

5

7

8

라구소스 만들기

1 소고기와 돼지고기를 키친타월로 살짝 눌러 핏물을 제거한다.

2 양파는 잘게 썰고, 셀러리와 이탈리안 파슬리는 *1.5~2cm* 길이로
   자른다.

3 약불에 냄비를 올리고 올리브유를 두른 뒤 양파를 넣고 수분을
   날리며 *20분*간 볶는다.

4 양파가 갈색을 띠면 셀러리를 넣고 *2~3분* 정도 볶다가 소고기와
   돼지고기를 넣고 볶는다. 화이트와인이 있다면 *50ml*를 넣는다.

5 고기가 완전히 익으면 홀 토마토를 넣고 *3~4cm* 크기로 으깬다.

6 중약불에서 *40분*간 저으며 졸인 뒤 굴소스를 넣고 취향에 맞게
   소금과 후추를 추가한다.

7 이탈리안 파슬리를 넣고 섞은 뒤 약불로 낮춰 *20분*간 더 끓인다.

8 완성된 라구를 식힌 뒤 소독한 유리용기나 밀폐용기에 담아 냉장
   또는 냉동 보관한다. 냉장은 *4일*, 냉동은 *2주* 동안 보관할 수 있다.

파스타 만들기

1   끓는 물에 소금 1큰술을 넣고 파케리를 8분간 삶은 뒤 건져 체에
     밭쳐둔다. 면은 알덴테로 익힌다.

2   약불에 팬을 올리고 올리브유를 두른 뒤 다진 마늘을 넣어 볶는다.

3   마늘이 노릇해지면 면수와 라구소스 3국자를 넣고 섞는다.

4   라구소스가 따뜻하게 데워지면 파케리를 넣고 소스가 자작해질
     때까지 약 3분간 저어준다. 취향에 맞게 소금과 후추를 추가한다.

5   접시에 파스타를 옮겨 담고 사베치오 파르메산 치즈를 슬라이스해서
     올린다.

TIP

· 라구는 오래 끓일수록 더 맛있어요. 시간 여유가 있다면 1시간 이상 끓여주세요.
· 소고기와 돼지고기의 비율은 취향대로 조절하세요.
· 셀러리 식감을 선호하지 않는다면 완성된 라구를 믹서에 한 번 갈아서 활용하세요.

모차렐라 토마토소스 리가

자주 이용하는 이탈리아 식재료 상점에서 특이한 파스타 면을 발견해서 바로 주문했다. 파파르델레와 비슷하게 생겼지만 테두리가 라면처럼 구불구불한 것이 특징인 이 파스타의 이름은 바로 '리차'. 가장자리가 울퉁불퉁하면 소스가 잘 배기 때문에 치즈가 듬뿍 들어간 포르마조소스가 단번에 떠올랐다. 면의 너비가 넓으니 재료도 큼지막하게 썰어 넣는다. 포크로 파스타를 돌돌 말아 양송이버섯과 모차렐라를 콕콕 찍어서 한입에 넣으니 입안 가득 치즈와 토마토, 구운 버섯의 풍미가 환상적이다. 씹는 느낌까지 완벽한 이색적인 토마토 파스타를 먹고 싶을 때 추천한다.

INGREDIENT

> *25min*

리차 90g

포르마조소스 200g

홀 토마토 통조림 50g(생략 가능)

양송이버섯 3개

미니 모차렐라 치즈 8~10알

파슬리 1줄기

올리브유 3큰술

면수용 소금 1큰술

소금 약간

후추 약간

2

3

4

5

6

1   끓는 물에 소금 *1큰술*을 넣고 리차를 *5분간* 삶은 뒤 건져 체에
     밭쳐둔다. 면은 반만 익힌다.

2   양송이버섯은 반으로 자르고, 파슬리는 줄기에서 이파리만 떼어낸다.

3   약불에 팬을 올리고 올리브유를 두른 뒤 양송이버섯이 노릇해질
     때까지 굽고 그릇에 따로 담아둔다.

4   같은 팬에 포르마조소스를 넣고 끓인다. 새콤한 맛을 선호한다면
     홀 토마토를 추가해도 좋다.

5   소스가 끓어오르면 구운 양송이버섯과 리차를 넣고 *3분간* 저으며
     뭉근히 끓인다. 소스가 자작해지면 불을 끄고 취향에 맞게 소금을
     추가한다.

6   접시에 파스타를 옮겨 담고 미니 모차렐라 치즈와 파슬리 이파리를
     올린 뒤 후추를 뿌려 마무리한다.

TIP

· 리차는 갈라지거나 찢어지기 쉬우니 오래 삶지 않도록 주의하세요.
· 모차렐라 치즈 대신 부라타 치즈를 넣어도 맛있어요.

케이퍼 블랙 올리브 토마토소스 스파게티

냉장고를 정리하다 구석에 박혀 있는 절인 올리브와 케이퍼 베리를 발견했다. 와인 안주로 먹으려고 구매했던 기억은 나는데, 그 후로 먹은 기억은 없다. 그렇다면 토마토소스에 곁들여볼까. 먼저 양파를 꾸덕하게 볶는다. 캐러멜라이징한 양파의 단맛이 식초에 절인 올리브와 케이퍼 베리 특유의 톡 쏘는 맛을 중화시키기 때문. 처리하기 곤란한 재료를 파스타와 곁들이면 꽤 괜찮은 결과가 나올 때도 있다. 바로 이 요리처럼. 새콤한 올리브, 케이퍼 베리와 달달한 토마토소스가 참 조화롭다. 돌아서면 생각나는 맛이다. 신맛이 파스타와 이렇게 잘 어울릴 줄이야. 이 레시피 덕에 올리브와 케이퍼 베리 한 병씩 진작에 비우고 또 새로 구매했다. 처치 곤란할 줄 알았던 재료가 이제 우리집 냉장고에서 빼놓을 수 없는 재료가 된 것이다.

INGREDIENT

(35min)

스파게티 100g

홀 토마토 통조림 200g

안초비 2쪽

양파 1/2개

올리브 5~7개

케이퍼 베리 8~10개

파르미지아노 레지아노 치즈 약간

올리브유 2큰술

면수 1국자

면수용 소금 1큰술

소금 약간

후추 약간

1   끓는 물에 소금 1큰술을 넣고 스파게티를 5분간 삶은 뒤 건져 체에
    밭쳐둔다. 면은 알덴테로 익힌다.

2   양파를 잘게 썰고 올리브는 반으로 자른다.

3   약불에 팬을 올리고 올리브유를 두른 뒤 양파가 갈색을 띨 때까지
    10분간 볶는다.

4   볶은 양파 위에 면수와 홀 토마토를 넣고 2분간 끓인다.
    토마토 덩어리는 주걱으로 손가락 한 마디 크기로 쪼갠다.

5   가장자리가 끓어오르면 안초비를 넣고 가볍게 으깬 뒤 스파게티를
    넣고 섞는다.

6   올리브와 케이퍼 베리를 넣고 수분이 거의 남지 않도록 3분간
    저어가며 졸인다.

7   취향에 맞게 소금과 후추, 간 파르미지아노 레지아노 치즈를
    추가하고 가볍게 섞어 마무리한다.

TIP

· 캐러멜라이징한 양파가 핵심 포인트! 진득하게 오래 볶아주세요.

판체타 혈러 토마토소스 메제 마니케

상큼하고 가벼운 토마토 파스타 대신 매콤하고 꾸덕한 토마토 파스타를 먹고 싶은 날에 떠오르는 이 요리! 메제 마니케는 이탈리아어로 '반소매'라는 뜻인데, 리가토니보다 길이가 짧은 원통형 파스타다. 소스를 잘 담아내는 특징을 가지고 있어서 수분감이 적은 소스에 아주 적합하다. 토마토 퓌레를 사용해 소스의 농도를 높이면 토마토의 풍미를 가득 담을 수 있다. 거기에 좀 더 묽은 홀 토마토를 추가해 소스를 넉넉하게 만들면 칼칼하고 개운한 해장용 파스타로도 손색없다.

INGREDIENT

35min

메제 마니케 100g

토마토 퓌레 150g

판체타 40g

마늘 7쪽

딜 1줄기

크러시드 레드페퍼 1작은술

올리브유 2큰술

면수 2국자

면수용 소금 1큰술

소금 약간

후추 약간

TO COOK

1   끓는 물에 소금 1큰술을 넣고 메제 마니케를 8분간 삶은 뒤 건져 체에
     받쳐둔다. 면은 알덴테로 익힌다.

2   마늘 4쪽은 편으로 썰고, 3쪽은 가볍게 으깬다. 판체타는 1cm 두께로
     썬다.

3   약불에 팬을 올리고 올리브유를 두른 뒤 판체타를 넣고 볶는다.
     판체타의 지방 부분이 투명해지기 시작하면 크러시드 레드페퍼와
     마늘을 전부 넣는다.

4   마늘이 노릇해지면 토마토 퓌레와 면수를 넣고 퓌레가 잘 풀어지도록
     젓는다.

5   소스가 끓어오르면 메제 마니케를 넣고 소스가 잘 배도록 2~3분간
     섞으며 졸인다. 불을 끄고 취향에 맞게 소금과 후추를 추가한다.

6   접시에 파스타를 옮겨 담고 딜 이파리를 뜯어 뿌린다.

TIP

· 마늘과 크러시드 레드페퍼의 양은 취향에 맞게 조절하세요.
· 판체타 대신 구안찰레를 사용해도 맛있어요. 지방이 많은 부위를 사용해보세요.

허브 버터 토마토소스 푸실리 알 페레토

봄이 오면 베란다에서 키우는 로즈메리 가지를 솎아내는데, 이때 연한 로즈메리 잎을 모아두었다가 파스타 재료로 사용한다. 버터를 녹이고 로즈메리를 넣어 향을 입힌 뒤 약간의 양파와 홀 토마토를 넣으면 향긋한 소스를 만들 수 있다. 허브는 버터와 만나면 쓴맛이 줄어들고 특유의 향이 빛을 발한다. 새로운 봄의 시작에 맞춰 일반적인 파스타보다 좀 더 묵직하고 꼬들꼬들한 식감의 푸실리 알 페레토를 사용해 특별한 기분을 느껴본다. 가니시로 올린 연둣빛 피슈트가 하늘하늘 춤추는 모습을 보니 연한 새순이 자라나는 봄과 잘 어울리는 파스타임이 틀림없어 보인다.

INGREDIENT

30min

푸실리 알 페레토 90g

홀 토마토 통조림 200g

양파 1/4개

로즈메리 3줄기

피슈트(미니 완두순) 1줌

무염 버터 40g

그뤼에르 치즈 약간

면수 1국자

면수용 소금 1큰술

소금 약간

후추 약간

TO COOK

1   끓는 물에 소금 1큰술을 넣고 푸실리 알 페레토를 9분간 삶은 뒤 건져 체에 밭쳐둔다. 면이 단단한 편이므로 알덴테보다 좀 더 익힌다.

2   양파는 채 썰고, 피슈트는 줄기에서 이파리를 떼어낸다.

3   약불에 팬을 올려 버터를 녹이고 로즈메리를 넣는다.

4   1분 뒤 양파를 넣고 로즈메리는 건진 뒤 다시 1분간 볶는다.

5   양파가 투명해지면 홀 토마토와 면수를 넣는다.

6   소스가 끓어오르면 푸실리 알 페레토를 넣고 면이 부서지지 않도록 2분간 살살 저으며 졸인다.

7   간을 보고 취향에 맞게 소금과 후추를 추가한다. 불을 끄고 그뤼에르 치즈를 갈아 넣고 가볍게 섞는다.

8   접시에 파스타를 옮겨 담고 피슈트 이파리를 올려 마무리한다.

TIP

· 로즈메리는 1분 이내에 건져주세요. 오래 두면 소스에서 쓴맛이 날 수 있어요.
· 가니시로 피슈트 대신 다른 연둣빛 채소를 사용해도 좋아요.

방울토마토 마늘페스토 비글리

몇 년 동안 벼르던 파스타 제면기를 구매했다. 가장 먼저 만든 파스타는 바로 '비골리'. 우동 면과 비슷한 두께의 파스타인데, 진한 소스와 잘 어울린다기에 늘 궁금했었다. 비골리를 만들고 보니 구운 마늘을 잔뜩 넣은 토마토소스가 떠오른다. 토마토와 마늘을 오븐에 구운 후 페스토처럼 갈아 소스를 만들어보면 어떨까. 자칫 느끼할 수 있으니 바질도 한 줌 넣으면 좋을지도? 동생에게 한 접시 가져다주니 "카레 우동이야?"라는 질문이 돌아왔다. "일단 먹어봐!" 한입 먹은 동생의 눈이 커진다. 팬에 남아 있던 소스까지 싹싹 긁어 먹고 나서야 감탄하며 무엇을 넣었냐고 물어본다. 방울토마토, 마늘, 바질. 흔한 재료지만 조리법을 달리하니 색다른 소스가 탄생했다. 아, 더 만들어둘 걸 그랬나?

INGREDIENT

(50min)

비골리(생면) 100g
방울토마토 250g
마늘 20쪽
바질 10g
파르미지아노 레지아노 치즈 80g
올리브유 120㎖
면수 1/2국자
면수용 소금 1큰술
소금 약간
후추 약간

1.   넓은 오븐용 팬에 방울토마토와 마늘을 펼쳐서 담고 소금과 후추를 골고루 뿌린다. 올리브유 100ml를 두르고 오븐에서 150도로 20분간 굽는다. (오븐 기종에 따라 상태를 조절한다.)

2.   팬을 꺼내 김이 나지 않을 때까지 식힌다.

3.   끓는 물에 소금 1큰술을 넣고 비골리를 5분간 삶은 뒤 건져 체에 밭쳐둔다.

4.   믹서에 구운 방울토마토와 마늘, 파르미지아노 레지아노 치즈, 바질을 넣고 4~5번 정도 짧게 끊어가며 곱게 간다. 이때 올리브유 20ml를 조금씩 추가하면서 농도를 조절해 방울토마토 마늘페스토를 완성한다. (이때 가니시용 치즈와 바질을 조금 남겨둔다.)

5.   팬에 소스를 넣고 약불에서 1분간 데운 뒤 비골리를 넣고 농도를 보면서 2~3분간 졸인다. 취향에 맞게 소금과 후추를 추가한다. (소스가 너무 되직하면 면수를 넣는다.)

6.   접시에 파스타를 옮겨 담고 가니시용 파르미지아노 레지아노 치즈를 갈아 뿌리고, 바질 잎을 올려 마무리한다.

TIP

· 비골리 대신 페투치네처럼 면적이 넓은 파스타 혹은 우동 면을 사용해도 좋아요.
· 바짝 구운 바게트에 남은 소스를 발라 먹어도 맛있어요.

Cream
Pasta

Rigatoni with Roasted Green Onions and Cream Sauce / Cream Stew and Rigatoni / Fusilli with Emmental, Pecorino Romano and Grana Padano Cheese / Rigatoni with Blue Cheese Crumble and Spinach Cream / Pappardelle with Fried Eggplant, Green Beans and Lemon Cream Sauce / Trottole with Pine Mushrooms, Porcini Mushrooms and Sour Cream Sauce / Orecchiette with Black Cod, Dill and Cream Sauce

Chapter

2

구운 대파 크림소스 리가토니

구운 채소와 크림소스는 궁합이 좋다. 특히 대파는 한 대만 있어도 소스는 물론 가니시로 활용할 수 있다. 대파의 흰 부분은 리가토니와 비슷한 크기로 잘라 약불에 노릇하게 구운 뒤 조리 마지막 단계에 넣어 휘휘 섞어주고, 초록 부분은 조금 남겨두었다가 마지막에 가니시로 올리면 된다. 구운 대파 크림소스를 만들고 나면 대파와 묵직한 생크림 향이 집안에 짙게 밴다. 입맛이 없는 날엔 이 파스타를 만들어보길 바란다. 분명 다음 날에도 냉장고에서 대파를 찾게 될 것이다.

Rigatoni with Roasted Green Onions and Cream Sauce

INGREDIENT

(35min)

리가토니 90g

대파 1대

양송이버섯 5개

안초비 2쪽

생파슬리 약간(생략 가능)

생크림 100㎖

우유 40㎖

올리브유 3큰술

면수용 소금 1큰술

소금 약간

후추 약간

2

3

5

6

7

1   끓는 물에 소금 1큰술을 넣고 리가토니를 6분간 삶은 뒤 건져 체에
    밭쳐둔다. 면은 알덴테로 익힌다.

2   대파 흰 부분은 리가토니와 같은 길이로 썰고, 초록색 이파리 부분은
    채 썬다. 양송이버섯은 잘게 다진다. 가니시용으로 대파 초록색
    부분을 약간만 따로 남겨둔다.

3   약불에 팬을 올리고 올리브유 1큰술을 두른 뒤 대파의 겉면이 고루
    노릇해질 때까지 구워서 그릇에 옮겨둔다. 이때 소금과 후추로 살짝
    간을 한다.

4   팬에 올리브유 2큰술을 두르고 양송이버섯을 볶는다.

5   양송이버섯이 갈색을 띠면 안초비와 대파 이파리를 넣어 30초간
    볶는다. 안초비는 가볍게 으깬다.

6   우유와 생크림을 넣고 김이 올라오면 리가토니를 넣고 2분간 저은
    뒤 구운 대파와 함께 가볍게 섞는다. 불을 끄고 취향에 맞게 소금과
    후추를 추가한다.

7   파스타를 접시에 옮겨 담고 가니시용 대파 이파리를 뿌린다.
    생파슬리가 있다면 잘게 찢어 올린다.

TIP

· 대파는 약불에서 천천히 구워주세요.
· 구운 대파는 조리 마지막 단계에 넣으세요. 일찍 넣으면 모양이 흐트러질 수 있어요.

크림소스 리가토니

새해가 되어 떡국을 먹었는데도 뭔가 빠트린 느낌이다. 아! 크림스튜를 빼먹었구나! 겨울과 잘 어울리는 음식이지만 왜인지 뒤늦게 떠올라 1월 말이 되어서야 부랴부랴 만든 크림스튜. 크림스튜는 라구와 더불어 한 솥 가득 끓여두고 꺼내 먹는 음식이다. 이름은 스튜지만 소스로 활용하는 경우가 많아 좀더 되직하게 만든다. 크림스튜를 만드는 날엔 꼭 리가토니와 곁들여 먹는 것이 나의 오래된 규칙. 냄비에 눌어붙은 닭다리살을 살살 긁어 녹여낸 크림스튜에서는 겨울밤과 잘 어울리는 묵직하고 깊은 풍미가 느껴진다. 더 눅진한 맛을 원한다면 달걀노른자를 추가해보자. 크림스튜도 먹었으니 이제 미련 없이 새해를 맞이할 수 있겠다.

INGREDIENT

(60min)

크림스튜(4인분)

닭다리살 400g

양송이버섯 10~15개

브로콜리 100g

감자 3개

샬롯 3개

양파 1/2개

당근 1/2개

로즈메리 3줄기

건조 파슬리 가루 3자밤

버터 90g

밀가루 70g

생크림 300㎖

우유 200㎖

물 400㎖

굴소스 1큰술

올리브유 4큰술

소금 1큰술

후추 1작은술

(10min)

파스타(1인분)

리가토니 80g

달걀노른자(생략 가능)

면수용 소금 1큰술

크림스튜 만들기

1   닭다리살은 소금과 후추로 밑간한 뒤 로즈메리를 올리고 파슬리
      가루를 뿌려 *10분간* 실온에 둔다.

2   버터 *70g*을 전자레인지에 *30초씩 2번* 돌려 녹인 뒤 밀가루를 넣어
      되직한 질감이 될 때까지 섞어 루를 만든다.

3   샬롯, 당근, 감자, 브로콜리는 한입 크기로 썰고, 양파는 십자로
      4등분한다. 양송이버섯은 통으로 사용한다.

4   달군 냄비에 올리브유 *2큰술*을 두르고 닭다리살을 *10분간* 굽는다.
      중간에 버터를 *20g* 넣는다. 닭다리살 겉면이 바삭해지면 한입 크기로
      잘라 그릇에 옮겨둔다.

5   닭다리살을 구운 냄비에 올리브유 *2큰술*을 두르고 3의 재료를 넣어
      5분간 볶는다.

6   물을 넣고 냄비 바닥에 눌어붙은 닭다리살을 살살 긁어낸다. (코팅
      냄비일 경우 생략한다.)

7   중약불에 *10분간* 익히다가 감자를 젓가락으로 찔렀을 때 손가락 한
      마디 정도 들어가면 약불로 낮춘 뒤 생크림과 우유, 루를 넣고 섞는다.

8   스튜가 끓기 시작하면 구운 닭다리살을 넣고 약불에서 *20분간*
      끓인다.

9   농도가 살짝 되직해지면 굴소스, 소금, 후추를 넣고 섞어서
      마무리한다.

10   크림스튜는 식힌 뒤 밀폐용기에 1인분씩 담아 냉동 보관한다.
      (일주일 동안 보관 가능하지만 최대한 빨리 섭취하는 것이 좋다.)

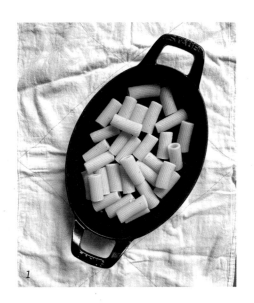

1

2

파스타 만들기

1   끓는 물에 소금 1큰술을 넣고 리가토니를 9분간 삶은 뒤 건져 체에 밭쳐둔다.

2   접시에 리가토니를 옮겨 담고 크림스튜를 끼얹는다. 취향에 따라 파슬리 가루와 후추를 뿌린다. 달걀노른자를 추가해도 좋다.

TIP

· 샬롯 3개 대신 양파 1개를 사용할 수 있어요.
· 루 대신 감자전분을 넣어 농도를 조절해도 좋아요.
· 닭다리살에 전분가루를 묻혀서 구우면 더 바삭해져요.
· 좀 더 감칠맛을 원한다면 크림스튜 만들기 6번 단계에서 치킨스톡을 추가하세요.

트러플 치즈 푸실리

냉장고에 남은 치즈 조각들이 잔뜩 있을 때 꼭 만드는 파스타가 있다. 바로 트리플 치즈 푸실리. 일단 치즈 조각들을 한데 모아 전부 그레이터로 간다. 풍미는 치즈 세 가지로 충분하니 생크림 대신 우유를 사용한다. 양파와 우유만 넣어 만든 소스에 치즈 가루를 가볍게 섞어주면 끝. 소스가 투명하다고 당황하지 말자. 연한 색깔에 비해 아주 진한 세 가지 치즈의 풍미가 입안 가득 넘쳐흐를 것이다. 살짝 볶은 양파와 우유 덕에 너무 무겁지 않아 누구나 즐길 수 있는 크림 파스타다. 냉장고에 처치 곤란한 치즈들이 있다면 갈아서 소스로 사용해보자.

INGREDIENT

25min

푸실리 90g
에멘탈 치즈 30g
페코리노 로마노 치즈 30g
그라나 파다노 치즈 30g
양파 1/2개
타임 1줄기(생략 가능)
우유 60㎖
올리브유 1큰술
면수용 소금 1큰술
소금 약간
후추 약간

1   끓는 물에 소금 1큰술을 넣고 푸실리를 8분간 삶은 뒤 건져 체에
     받쳐둔다.

2   양파는 잘게 썰고, 치즈는 모두 그레이터로 갈아둔다.

3   약불에 팬을 올리고 올리브유를 두른 뒤 양파를 볶는다. 양파가
     투명해지면 우유를 넣는다. 가장자리가 끓어오르면 푸실리를 넣고
     천천히 섞어가며 2분간 졸인다.

4   불을 끄고 치즈를 전부 넣은 뒤 가볍게 섞는다. 취향에 맞게 소금과
     후추를 추가한다.

5   접시에 파스타를 옮겨 담고 잘게 부순 타임을 뿌려 마무리한다.

TIP

· 색감을 위해 적양파보다는 흰 양파를 추천해요.
· 우유를 오래 끓이면 유청이 분리될 수 있으니 약불에서 빠르게 조리하세요.
· 치즈는 꼭 불을 끈 후에 넣고 가볍게 섞어주세요. 가열 중에 넣거나 강하게 저으면
  뭉칠 수 있어요.

블루치즈 크럼블 시금치 크림 리가토니

가장 좋아하는 페스토를 꼽으라 하면 1초도 망설임 없이 "시금치페스토!"라고 외치겠다. 평소에도 자주 만들어 먹지만 달달한 시금치가 나오는 겨울이 다가오면 슬슬 몸에 시동이 걸린다. 시금치페스토만으로 충분히 맛있지만 가족과 친구들이 베스트로 꼽는 건 시금치페스토에 생크림을 추가한 시금치 크림소스. 진한 초록빛 시금치페스토가 생크림을 만나 맑은 연둣빛을 뽐내면 다들 사진부터 찍기 바쁘다. 크림소스 위에 치즈까지 올리면 너무 느끼하지 않을까 싶겠지만 걱정할 필요는 없다. 블루치즈라면 말이 달라질 테니. 짭조름하고 쿰쿰한 블루치즈를 더하면 마지막 한입까지 느끼할 새가 없다. 크림 파스타를 좋아하지 않는 부모님도 가끔 요청하실 정도로 우리집 인기 메뉴다.

INGREDIENT

(40min)

리가토니 100g

시금치 140g

잣 40g

마늘 5쪽

생크림 100㎖

파르미지아노 레지아노 치즈 60g

블루치즈 크럼블 약간

올리브유 8큰술

면수용 소금 1큰술

페스토용 소금 1/2작은술

페스토용 후추 약간

소금 약간

후추 약간

1   약불에 팬을 올리고 잣이 노릇해질 때까지 2분간 볶은 뒤 식힌다.

2   시금치는 끓는 물에 30초간 데치고 찬물에 헹군 뒤 손으로 꼭 짜서
      물기를 제거한다.

3   믹서에 데친 시금치, 마늘, 볶은 잣, 간 파르미지아노 레지아노 치즈를
      넣고 소금 1/2작은술과 후추 약간, 올리브유를 더해 4~5번 정도
      짧게 끊어가며 갈아준다. 너무 되직하면 중간중간 올리브유를 추가해
      농도를 조절하면서 시금치페스토를 만든다.

4   끓는 물에 소금 1큰술을 넣고 리가토니를 8분간 삶은 뒤 건져 체에
      밭쳐둔다. 면은 알덴테로 익힌다.

5   달군 팬에 생크림을 넣고 약불로 가열하다가 테두리가 끓어오르면
      시금치페스토를 넣고 섞는다.

6   리가토니를 넣고 소스를 끼얹으며 3분간 졸인 뒤 취향에 맞게 소금과
      후추를 추가한다.

7   접시에 파스타를 옮겨 담고 블루치즈 크럼블을 뿌려 마무리한다.

TIP

· 블루치즈가 짭짤한 편이라 시금치페스토는 간을 약하게 하는 것이 좋아요.
· 깔끔한 맛을 원한다면 생크림 대신 우유를 사용해보세요.

뭐긴 가지 줄기콩 페포 크림소스 파파르델레

가지는 어릴 적 가장 싫어하던 채소였다. 물컹한 식감과 오묘한 향이 얼마나 충격이었는지 성인이 되어서도 가지로 만든 음식은 딱히 찾아 먹지 않았다. 그러다 몇 년 전, 친구가 데려간 중식당에서 가지 튀김을 먹고서 생각이 완전히 바뀌었다. 너무 맛있게 먹은 나머지 집에 오는 길에 가지를 사서 직접 튀겨 먹었다. 그 후로 가지는 레몬 크림소스 파스타를 만들 때 꼭 곁들이는데, 상큼한 크림소스를 머금은 파파르델레와 튀긴 가지의 조합은 두말하면 입 아프다. 한 주의 스트레스가 날아가는 맛이랄까. 꼭 줄기콩이 아니더라도 초록 채소를 튀겨 곁들이면 더욱 먹음직스러운 플레이팅이 완성된다. 키포인트는 얇은 튀김옷과 레몬즙이다. 전분은 가볍게 묻혀 툭툭 털어내 튀기고, 레몬즙은 마지막에 듬뿍 넣어보자.

INGREDIENT

(40min)

파파르델레 80g
가지 1/2개
양파 1/4개
레몬 1/4개
줄기콩 4개
생파슬리 1줄기
다진 마늘 1작은술
생크림 100㎖
우유 40㎖
감자전분 3큰술
간장 1큰술
콩기름 3큰술
올리브유 2큰술
면수용 소금 1큰술
소금 약간
후추 약간

1   끓는 물에 소금 1큰술을 넣고 파파르델레를 7분간 삶은 뒤 건져 체에
    밭쳐둔다. 면은 알덴테로 익힌다.

2   양파는 잘게 썰고, 줄기콩은 꼬투리의 양쪽 끝부분만 자른다. 가지는
    1cm 두께로 동그랗게 썰고 앞뒷면에 십자 모양으로 칼집을 낸다.

3   가지 앞뒷면에 간장을 듬뿍 바르고, 후추를 약간 뿌린다. 가지와
    줄기콩에 감자전분을 골고루 묻힌다.

4   약불에 팬을 올리고 콩기름을 두른 뒤 기름이 달궈지면 줄기콩과
    가지를 튀긴다. 튀김옷이 노릇해지면 건져서 따로 옮겨둔다.

5   팬에 올리브유를 두르고 다진 마늘을 볶는다. 마늘이 노릇해지면
    양파를 넣고 투명해질 때까지 볶은 뒤 생크림과 우유를 넣고 김이
    올라올 때쯤 파파르델레를 넣는다.

6   파파르델레와 소스를 2분간 저으며 졸인 뒤 불을 끈다. 취향에 맞게
    소금과 후추를 추가한다.

7   레몬은 짜서 즙을 만들어 1큰술 넣고 가볍게 섞는다.

8   접시에 파스타와 튀긴 가지, 줄기콩을 옮겨 담고 생파슬리 이파리를
    잘게 찢어 올려 마무리한다.

TIP

· 가지 대신 표고버섯, 양송이버섯을 튀겨 곁들여도 잘 어울려요.

참송이 포르치니버섯 사워크림소스 트로플레

파스타에 사워크림만 단독으로 넣으면 부담스럽겠지만 생크림을 더하면 시큼한 맛이 매력적인 크림소스 파스타를 만들 수 있다. 처음엔 다들 "사워크림을 넣었다고? 타코에 넣는 그거?" 하면서 반신반의하지만, 한입 먹는 순간 "으음!" 환호성을 지르며 엄지를 치켜든다. 사워크림소스는 트로톨레처럼 홈이 많은 면과 궁합이 좋다. 크림소스를 잔뜩 머금은 트로톨레와 버섯을 가득 퍼 먹으면 입안에 진한 향이 팡팡 터진다. 생크림 베이스 대신 색다른 크림 파스타를 원한다면 버섯을 넣은 사워크림소스 파스타를 강력 추천한다.

INGREDIENT

(60min)

트로톨레 80g
참송이버섯 4개
말린 포르치니버섯 20g
다진 마늘 1작은술
사워크림 50㎖
생크림 90㎖
그라나 파다노 치즈 약간
올리브유 3큰술
면수용 소금 1큰술
소금 약간
후추 약간

1   말린 포르치니버섯을 30분간 물에 불린다.

2   끓는 물에 소금 1큰술을 넣고 트로톨레를 10분간 삶은 뒤 건져 체에
     밭쳐둔다.

3   참송이버섯 2개는 결을 따라 찢고, 나머지 2개는 잘게 썬다.
     불린 포르치니버섯은 물기를 짜 잘게 썬다. 포르치니버섯을 불렸던
     물은 따로 보관해둔다.

4   약불에 팬을 올리고 올리브유 2큰술을 두른 뒤 찢어둔 참송이버섯을
     넣어 겉면이 갈색이 될 때까지 굽는다. 소금과 후추로 간을 한 뒤
     그릇에 담아둔다.

5   다시 팬에 올리브유 1큰술을 두르고 다진 마늘을 넣어 노릇해질
     때까지 구운 뒤 잘게 썬 참송이버섯과 포르치니버섯을 넣어 볶는다.

6   참송이버섯이 노릇하게 익으면 사워크림과 생크림을 넣고 섞은 뒤
     포르치니버섯 불린 물 2큰술을 넣고 섞는다.

7   소스 가장자리가 끓어오르면 트로톨레를 넣고 섞으며 3분간
     자작하게 끓인 뒤 불을 끈다. 취향에 맞게 소금과 후추를 추가하고
     접시에 옮겨 담는다.

8   파스타 위에 구운 참송이버섯을 올리고, 취향에 따라 그라나 파다노
     치즈를 갈아서 뿌린다.

TIP

· 포르치니버섯을 불린 물은 많이 넣으면 소스가 묽어질 수 있으니 2큰술만 넣어주세요.
· 시큼한 맛이 강할까 봐 걱정된다면 사워크림은 30㎖만 넣으세요.

은대구 딜 크림소스 오레키에테

생선과 크림소스는 잘 어울릴까? 다른 생선이면 몰라도 은대구만큼은 정말
잘 어울린다. 두툼하게 썬 은대구 한 덩이에 버터와 딜을 끼얹어 노릇하게 굽
고 전분기 있는 오레키에테를 곁들이면 진득한 차우더 느낌의 크림 파스타
가 만들어진다. 버터 풍미 가득한 은대구 살을 포크로 으깨어 쫀득한 오레키
에테와 함께 떠서 먹어보자. 흰살생선 특유의 고소한 향과 크림소스의 조합
에 놀랄 것이다. 두툼한 스테이크용 은대구 토막을 구하기 어렵다면 부침용
으로 손질된 대구살 슬라이스로 대체하면 된다.

INGREDIENT

(50min)

오레키에테 90g

냉동 은대구 170g

양파 1/4개

딜 2줄기

무염 버터 20g

생크림 120㎖

우유 60㎖

올리브유 4큰술

면수용 소금 1큰술

소금 약간

후추 약간

1   냉동 은대구를 찬물에 담가 충분히 해동하고 키친타월로 물기를
     제거한 뒤 올리브유 1큰술, 소금과 후추를 약간 뿌려 밑간한다.

2   끓는 물에 소금 1큰술을 넣고 오레키에테를 6분간 삶다가 면이
     물 위로 떠오르기 시작하면 3분간 더 삶는다. 불을 끈 뒤 건져 체에
     밭쳐둔다.

3   양파와 딜은 잘게 썰어둔다. 이때 가니시용으로 딜 1자밤을 따로
     둔다.

4   약불에 팬을 올리고 올리브유 2큰술을 두른 뒤 팬이 달궈지면
     은대구를 올린다.

5   은대구 한쪽 면을 노릇하게 굽고 뒤집은 뒤 버터와 썰어둔 딜 2/3를
     넣는다.

6   버터가 녹으면 팬을 기울여 은대구에 끼얹듯이 뿌리며 굽는다.
     뒤집어서 반대쪽도 동일하게 2분간 더 굽고 그릇에 담아둔다.

7   은대구를 구운 팬에 올리브유 1큰술을 두르고 양파와 남은 딜을 넣어
     볶는다.

8   양파가 투명해지면 생크림과 우유를 넣고 팬에 눌어붙은 대구살을
     주걱으로 살살 긁어낸 뒤 섞는다. (코팅 팬인 경우 생략한다.)

9   소스 가장자리가 끓어오르면 오레키에테를 넣고 소스가 잘 배도록
     3분간 섞으며 끓인다. 불을 끄고 취향에 맞게 소금과 후추를 추가한다.

10   접시에 은대구와 파스타를 옮겨 담고 가니시용 딜을 올려
     마무리한다.

TIP

· 부침용 대구살을 사용할 때는 감자전분을 살짝 묻혀서 구우면 살이 흐트러지지
  않아요.

Oil
Pasta

Spaghetti with Guanciale and Green Onion / Spaghetti with Chorizo and Green Vegetables / Tagliatelle with Wild Chive and Butter Sauce / Linguine with Sesame, Oyster Mushroom and Butter Sauce / Pappardelle with Dried Mussels and Anchovies / Linguine with Chamnamul and Brie / Linguine with Zucchini and Prawn Bisque

Chapter

3

구운참깨 죽과 스파게티

평소에 자주 먹는 '냉털(냉장고 털기)' 파스타 말고 색다른 파스타가 먹고 싶은 주말. 새우나 베이컨은 자주 사용하니까 패스! 돼지의 턱살로 만든 이탈리아식 베이컨 구안찰레는 어떨까? 구안찰레는 기름기가 많으니 느끼함을 잡아줄 쪽파와 마늘을 잔뜩 넣고 매콤함을 더해줄 태국 고추도 두 개 넣는다. 돼지고기와 잘 어울리는 굴소스로 간을 하고 후추를 듬뿍 뿌리면 감칠맛이 풍부한 중화풍 파스타 완성! 쪽파는 누구에게나 환영받는 재료니까 마지막에 듬뿍 올린다. 이대로도 좋지만 좀 더 부드러운 맛을 원하는 엄마의 접시엔 달걀노른자를 올려주고, 느끼함을 잡아줄 새콤한 맛을 원하는 아빠의 접시엔 레몬즙을 뿌려준다. 구안찰레 쪽파 스파게티는 우리집에서 짜파게티 같은 존재다. 주말에 가족과 함께 즐기는 특식이랄까.

INGREDIENT

30min

스파게티 90g

구안찰레 60g

표고버섯 2개

쪽파 100g

마늘 5쪽

태국 고추 2개(페페론치노 3개로 대체 가능)

굴소스 1작은술

레몬즙 1작은술

올리브유 2큰술

면수 2국자

면수용 소금 1큰술

소금 약간

후추 약간

1   끓는 물에 소금 1큰술을 넣고 스파게티를 6분간 삶은 뒤 건져 체에
     밭쳐둔다. 면은 알덴테로 익힌다.

2   마늘과 표고버섯은 편으로 썰고, 구안찰레는 1cm 두께로 썬다.
     쪽파는 잘게 썰고 가니시용으로 쪽파 3큰술을 따로 둔다.

3   약불에 팬을 올리고 올리브유를 두른 뒤 마늘과 태국 고추를 볶는다.
     마늘이 노릇해지면 표고버섯과 구안찰레를 넣고 볶는다.

4   구안찰레의 지방 부분이 투명해지면서 기름이 나오기 시작하면
     썰어둔 쪽파를 넣고 1분간 볶는다.

5   쪽파의 숨이 죽으면 스파게티를 넣고 면수 1국자를 넣는다.
     1분간 가볍게 저어주다가 수분이 날아가면 다시 면수 1국자를 넣고
     수분과 기름이 잘 섞이도록 1분간 젓는다.

6   굴소스를 넣고 섞은 뒤 불을 끄고 취향에 맞게 소금과 후추를
     추가한다. 마지막으로 레몬즙을 넣고 가볍게 섞는다.

7   접시에 파스타를 옮겨 담고 가니시용 쪽파를 뿌린다.

TIP

· 구안찰레와 후추는 정말 잘 어울려요. 후추를 듬뿍 뿌려주면 더 맛있답니다.
· 좀 더 부드러운 맛을 원한다면 마지막에 달걀노른자를 올려 면과 섞어 먹어보세요.

훈제소프트 채소 스파게티

초여름 즈음이면 떠오르는 파스타가 있다. 우리집에서는 '섬머 파스타'라고
부른다. 이 파스타의 매력은 푸른 채소에서 느껴지는 신선함과 조리의 편리
함에 있다. 조리 시간은 20분 남짓. 재료들을 휘리릭 볶아 투명한 유리 접시
에 담아내면 싱그럽고 풍부한 여름의 맛을 느낄 수 있다. 케이퍼와 미니양배
추의 아삭한 식감이 초리소의 짭짤함과 어우러져 무더운 여름날에도 입맛을
돋워준다. 향긋하고 시원한 이탈리안 파슬리까지 더했으니 뜨거운 불 앞에서
오래 요리하기 싫은 날엔 이만한 파스타가 없다.

INGREDIENT

(20min)

스파게티 90g

초리소 20g

안초비 3쪽

미니양배추 4개

양파 1/4개

다진 마늘 1/2작은술

케이퍼 1작은술

페페론치노 2개

이탈리안 파슬리 5줄기

올리브유 3큰술

면수 2국자

면수용 소금 1큰술

소금 약간

후추 약간

2

3

4

5

6

1 끓는 물에 소금 1큰술을 넣고 스파게티를 6분간 삶은 뒤 건져 체에 받쳐둔다. 면은 알덴테로 익힌다.

2 양파는 채 썰고, 미니양배추는 2등분한다. 초리소는 5mm 두께의 반달 모양으로 썬다. 이탈리안 파슬리 3줄기는 잘게 자르고, 2줄기는 가니시용으로 따로 둔다.

3 약불에 팬을 올리고 올리브유를 두른 뒤 다진 마늘과 안초비를 넣고 볶는다.

4 마늘이 노릇해지면 양파, 미니양배추, 페페론치노를 넣고 볶는다.

5 미니양배추의 겉면이 노릇해지면 초리소와 케이퍼를 넣는다. 케이퍼는 가볍게 눌러서 으깬다.

6 스파게티와 면수 1국자를 넣고 1분간 수분과 기름이 섞이도록 젓는다. 다시 면수 1국자와 잘게 썬 이탈리안 파슬리를 함께 넣고 1분간 수분을 날리면서 골고루 섞는다. 불을 끄고 취향에 맞게 소금과 후추를 추가한다.

7 접시에 파스타를 옮겨 담고 가니시용으로 남겨둔 이탈리안 파슬리 줄기에서 이파리만 떼어 올려 마무리한다.

· 이탈리안 파슬리는 향이 강한 편이에요. 취향에 맞게 조절해주세요.
· 미니양배추 대신 좋아하는 채소를 넣어도 좋아요.

딸깨 뻐터쇼스 딸깨아뻴깨

봄나물을 사랑하는 나는 봄이 오면 가장 먼저 달래를 산다. 달래 향을 제대로 느끼고 싶다면 버터소스에 곁들이는 것을 추천한다. 버터의 고소함이 달래의 톡 쏘는 맛을 중화시키고 특유의 쌉싸름한 맛을 돋보이게 하기 때문. 사베치오 파르메산 치즈와 달걀노른자를 더하면 고소함이 배가 된다는 사실도 잊지 말자. 봄에 즐기기 좋은 달래 파스타 한 접시로도 계절의 변화를 입안 가득 느껴볼 수 있다.

Tagliatelle with Wild Chive and Butter Sauce

INGREDIENT

35min

탈리아텔레 90g
달래 40g
다진 마늘 1작은술
달걀노른자 2개
버터 30g
사베치오 파르메산 치즈 100g
면수 2국자
면수용 소금 1/2큰술
소금 약간
후추 약간

TO COOK

1 끓는 물에 소금 1/2큰술을 넣고 탈리아텔레를 7분간 삶은 뒤 건져
체에 밭쳐둔다. 면은 알덴테로 익힌다.

2 달래는 잘게 썰고, 가니시용으로 1자밤을 따로 둔다.

3 사베치오 파르메산 치즈를 그레이터로 갈고 80g만 달걀노른자와
섞어 소스를 만든다. 호박죽 같은 되직한 농도가 되도록 치즈 양을
조절한다.

4 약불에 팬을 올리고 버터를 녹인 뒤 다진 마늘을 넣고 볶는다.

5 마늘이 노릇해지기 시작하면 달래를 넣고 30초간 볶는다.

6 탈리아텔레를 넣고 면수 1국자씩 2번 나눠 넣으며 수분과 기름이
잘 섞이도록 2분간 젓는다. 수분이 날아가면 불을 끄고 김이 거의
나지 않을 때까지 2~3분간 식힌다.

7 3의 소스를 붓고 잘 섞은 뒤 취향에 맞게 소금과 후추를 추가한다.

8 접시에 파스타를 옮겨 담고 가니시용 달래와 사베치오 파르메산 치즈
20g을 갈아 뿌린다.

TIP

· 버터가 타지 않도록 마늘과 달래는 빠르게 볶아주세요.

· 사베치오 파르메산 치즈가 충분히 있다면 8번 단계에서 듬뿍 뿌려주세요! 향긋한
달래와 어우러지는 치즈의 향에 반할 거예요.

· 달래 대신 냉이를 사용해도 좋아요. 단, 냉이 향은 달래보다 더 강한 편이므로 버터를
10g 더 넣어주세요.

참깨 느타리버섯 버터소스 링귀네

무기력한 월요일 아침, 파스타가 먹고 싶은데 냉장고를 열어보니 느타리버섯과 마늘밖에 없다. 이럴 땐 휘리릭 만들 수 있는 파스타가 제격. '음, 느타리버섯을 버터소스에 볶아 파스타를 만들면 괜찮겠는데?'라는 생각이 떠올라 간은 무엇으로 할지 머리를 굴려본다. 고심하다 찬장에서 쯔유와 참깨를 찾는다. 거의 다 완성되었을 즈음 쯔유로 맛을 내고 참깨는 절구에 으깨 솔솔 뿌려준다. 버터에 참깨를 더하니 부엌에 고소한 향이 가득하다. 쫄깃한 느타리버섯과 감칠맛 나는 마늘의 풍미가 어우러져 간단한 재료에서 놀라운 맛이 탄생했다. 월요일을 기분 좋게 시작하기에 딱 좋은, 간단한 재료로 쉽게 만들 수 있는 파스타임이 틀림없다.

INGREDIENT

링귀네 90g
느타리버섯 90g
마늘 4쪽
참깨 15g
버터 30g
쯔유 1큰술
파르미지아노 레지아노 치즈 약간
면수 2국자
면수용 소금 1큰술
소금 약간
후추 약간

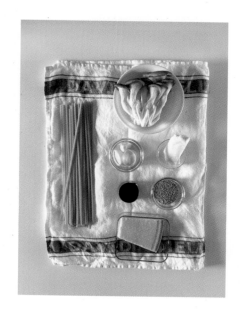

TO COOK

1   끓는 물에 소금 1큰술을 넣고 링귀네를 6분간 삶은 뒤 건져 체에
    밭쳐둔다. 면은 알덴테로 익힌다.

2   느타리버섯은 하나씩 떼어내고, 마늘은 편으로 썬다. 참깨는 손으로
    비비거나 절구에 빻아 으깬다.

3   약불에 팬을 올리고 버터를 녹인 뒤 마늘을 넣고 볶는다.

4   마늘이 노릇하게 익기 시작하면 느타리버섯을 넣고 2분간 볶는다.
    이때 소금으로 살짝 간한다.

5   링귀네를 넣고, 면수를 1국자씩 2번 나눠 넣으며 수분과 기름이
    잘 섞이도록 젓는다.

6   면수가 반 정도 졸아들면 쯔유 1큰술을 넣은 뒤 1분간 남은 물기를
    날리면서 젓는다.

7   수분이 적당히 날아가면 불을 끄고 으깬 참깨 절반 분량을 넣고
    섞는다. 취향에 맞게 소금과 후추를 추가한다.

8   접시에 파스타를 옮겨 담고 남은 으깬 참깨와 파르미지아노 레지아노
    치즈를 갈아 취향대로 뿌린다.

TIP

· 참깨 대신 들깨를 사용해도 좋아요.
· 버터가 타지 않도록 4번 단계까지는 빠르게 조리해주세요.

진한 안초비 파파르델레

냉동실을 열어보니 엄마가 미역국 끓일 때 넣으려고 사둔 건홍합이 있다. 오래전 하와이에서 홍합이 들어간 파스타를 맛있게 먹었던 기억이 떠오른다. 물에 불려 소스 재료로 사용하기로 결정. 해산물의 감칠맛이 가미된 오일소스에는 두꺼운 면이 잘 어울릴 테니 파파르델레가 좋겠다. 홍합만으로 부족한 맛은 안초비로 채운다. 마지막으로 상큼한 라임 제스트와 진한 풍미의 파르미지아노 레지아노 치즈를 듬뿍 뿌리면 완성! 짭짜름한 파스타와 잘 어울리는 달달한 매실장아찌를 곁들인다. 해산물을 선호하지 않는 동생 입맛에도 맞는 걸 보면 이 레시피는 꽤나 성공적인 듯하다. 해산물을 꺼리는 모든 이들에게 이 레시피를 바친다.

INGREDIENT

파파르델레 90g

건홍합 20g

안초비 4쪽

양파 1/4개

라임 1개

페페론치노 2개

파르미지아노 레지아노 치즈 약간

올리브유 3큰술

면수 3국자

면수용 소금 1/2큰술

소금 약간

후추 약간

3

4

5

6

7

1   건홍합을 물에 1시간 이상 불린다.

2   끓는 물에 소금 1/2큰술을 넣고 파파르델레를 7분간 삶은 뒤 건져 체에 밭쳐둔다. 면은 알덴테로 익힌다.

3   물에 불린 홍합은 잘게 다지고, 양파는 채 썬다.

4   약불에 팬을 올리고 올리브유를 두른 뒤 양파를 넣어 볶는다.

5   양파가 노릇해지면 다진 홍합과 안초비, 페페론치노를 넣는다. 안초비는 주걱으로 가볍게 으깨어 섞는다.

6   팬에 파파르델레를 넣고 가볍게 섞은 뒤 면수를 1국자씩 3번 나눠 넣으며 수분과 기름이 섞이도록 3분간 저으면서 끓인다. 수분이 어느 정도 날아가면 불을 끄고 취향에 맞게 소금과 후추를 추가한다.

7   접시에 파스타를 옮겨 담고 라임 껍질과 파르미지아노 레지아노 치즈를 갈아 뿌린다.

TIP

· 건홍합과 안초비는 소금기가 있기 때문에 면수용 소금은 평소의 절반만 넣는 것이 좋아요.
· 매실장아찌, 피클 등 새콤달콤한 절임류를 곁들이면 잘 어울려요.

브리 치즈 참나물 링귀네

참나물은 사계절 내내 마트에서 쉽게 구입할 수 있는 채소다. 가끔씩 퇴근길에 참나물 한 봉지를 사서 반은 밥반찬으로 만들고, 나머지 반은 파스타를 만드는 데 쓴다. 따로 다듬을 필요 없이 흐르는 물에 씻고 탈탈 털어 줄기 끝만 잘라내면 손질 끝! 마늘과 양파 향이 어우러진 오일 파스타와 참나물이 만나면 특유의 알싸한 향이 극대화된다. 보통 마무리로 경성 치즈를 갈아 넣지만 이 파스타는 수분이 많은 연성 치즈를 곁들여야 더 맛있다. 작은 브리 치즈를 파스타 사이에 끼워 녹이거나 팬 뚜껑을 덮어 살짝 녹인 후 먹어야 그 맛을 제대로 느낄 수 있다.

INGREDIENT

25min

- 링귀네 90g
- 안초비 2쪽
- 참나물 100g
- 양파 1/2개
- 마늘 4~5쪽
- 브리 치즈 60g
- 올리브유 3큰술
- 면수 2국자
- 면수용 소금 1큰술
- 소금 약간
- 후추 약간

2

3

4

6

1. 끓는 물에 소금 *1큰술*을 넣고 링귀네를 *6분간* 삶은 뒤 건져 체에 밭쳐둔다. 면은 알덴테로 익힌다.

2. 마늘은 편으로 썰고, 양파는 채 썬다. 참나물은 줄기 끝부분만 자른다.

3. 약불에 팬을 올리고 올리브유를 두른 뒤 마늘을 넣어 볶는다. 마늘이 노릇해지면 양파를 넣고 볶는다. 양파가 투명해지기 시작하면 안초비를 넣고 양파와 섞는다.

4. 팬에 링귀네와 면수 *1국자*를 넣은 뒤 수분과 기름이 잘 섞이도록 *1분간* 젓는다. 다시 면수 *1국자*와 참나물을 함께 넣은 뒤 *1분간* 섞어가며 물기를 날린다.

5. 참나물의 숨이 죽으면 불을 끈 뒤 취향에 맞게 소금과 후추를 추가한다. 그 위에 브리 치즈를 올리고 뚜껑을 덮어 *1분* 정도 둔다.

6. 브리 치즈가 살짝 녹으면 접시에 파스타를 옮겨 담는다.

TIP

· 참나물은 식감이 살아 있어야 더 맛있기 때문에 살짝 익혀야 해요. 참나물을 넣은 뒤엔 빠르게 조리하고 불을 꺼주세요.

주키니 새우 비스크 링귀네

새우 비스크는 많은 양의 새우를 오랫동안 볶은 뒤 머리와 껍질까지 모두 갈아 만든 소스다. 새우를 일일이 손질하고 장시간 볶는 것이 골치 아파 나만의 방법으로 타협해봤는데, 아니 웬걸! 너무 맛있었다. 나의 타협안은 이렇다. 새우는 대여섯 마리만 사용하고, 훈제 파프리카 파우더로 감칠맛을 낸 다음, 크러시드 레드페퍼로 매콤한 맛을 더하는 것. 그러면 원조 새우 비스크에 견줄 만한 깊은 풍미의 새우 비스크를 만들 수 있다. 소스를 듬뿍 흡수하는 주키니(돼지호박)나 애호박 같은 채소를 사용하면 더 조화롭게 어우러진 맛을 낼 수 있으니 도전해보자.

INGREDIENT

60min

링귀네 90g

냉동 새우 5~6마리

주키니 1/2개

샬롯 2개

레몬 1/4개

차이브 7줄기

크러시드 레드페퍼 1작은술

훈제 파프리카 파우더 1큰술

무염 버터 40g

올리브유 2큰술

면수 3+1/2국자

면수용 소금 1큰술

소금 약간

후추 약간

1 냉동 새우를 찬물에 30분간 담가 해동한다. 해동한 새우를 흐르는 물에 씻고, 머리와 몸통을 분리한 뒤 몸통은 껍질을 벗겨낸다. 손질한 머리, 몸통, 껍질을 한데 담아둔다.

2 주키니는 링귀네와 비슷한 두께로 길게 썬다. 샬롯과 차이브는 잘게 썬다. (이때 가니시용으로 차이브 1자밤을 따로 둔다.)

3 끓는 물에 소금 1큰술을 넣고 링귀네를 6분간 삶은 뒤 건져 체에 밭쳐둔다. 면은 알덴테로 익힌다.

4 약불에 팬을 올리고 버터를 두른 뒤 샬롯을 넣어 볶는다.

5 샬롯이 투명해지기 시작하면 크러시드 레드페퍼 1작은술을 넣고 섞는다.

6 손질한 새우를 껍질까지 전부 넣고 2분간 볶다가 새우가 불그스름하게 익기 시작하면 면수 1국자와 훈제 파프리카 파우더를 넣는다.

7 소스가 끓으면 다시 면수 1국자를 넣는다. 새우 머리는 납작한 도구로 눌러 내장이 소스에 섞이도록 한다. 이때 새우 살만 건져서 따로 담아둔다.

8 머리와 껍질을 골라 볼에 옮겨 담고, 볼에 면수 1/2국자를 넣고 섞은 뒤 껍질이 들어가지 않게 면수만 다시 팬에 붓는다.

9 팬에 주키니와 차이브를 넣고 1분간 볶은 뒤 링귀네를 넣는다. 면수 1국자를 넣고 1분간 물기를 날리면서 섞는다. 불을 끄고 취향에 맞게 소금과 후추를 추가한다.

10 파스타를 접시에 옮겨 담고 따로 둔 새우살과 가니시용 차이브를 올려 마무리한다.

TIP

· 새우 머리까지 사용하기 때문에 신선한 새우를 사용해야 더 맛있어요. 오랫동안 냉동 또는 냉장 보관한 새우는 피해주세요.
· 주키니 대신 애호박을 사용해도 좋아요.
· 샬롯 2개 대신 양파 1/2개를 사용할 수 있어요.

Cold Pasta

Spaghetti with Tuna and White Balsamic Vinegar / Linguine with Potatoes, Broccolini and Basil Pesto / Fusillone with Bacon and Aioli Sauce / Lumache with Chicken Breast and Peas / Penne with Cashew Nut Pesto / Feta Cheese Salad and Casareccia / Whole Wheat Fusilli with Roasted Garlic and Crunch Mustard

Chapter

4

참치 화이트 발사믹 스파게티

명절을 쇠고 나니 선물로 받은 참치 캔이 쌓였다. 신난다! 참치 캔은 우리집 콜드 파스타의 단골 재료니까! 참치 화이트 발사믹 스파게티는 조리 과정이 아주 간단한데, 삶은 스파게티에 꾹 눌러서 기름을 짜낸 참치와 채소를 곁들이면 끝이다. 단맛이 적은 방울토마토와 쌉싸래한 루콜라 어린잎의 조합은 맛의 밸런스가 좋을 뿐만 아니라 알록달록한 색감까지 조화롭다. 마지막으로 포도 향이 짙은 화이트 발사믹 비네거를 가볍게 뿌려주면 참치의 담백함과 채소의 상큼한 풍미가 완벽하게 어우러져 각각 재료의 맛이 한층 돋보인다. 빠르고 간편하게 준비할 수 있으니 바쁜 일상 속에서 입맛 돋우는 한 끼를 먹고 싶을 때 추천한다.

INGREDIENT

(20min)

스파게티 90g

참치 캔 85g

방울토마토 8개

루콜라 20g

레몬 1/4개

레드페퍼 약간(생략 가능)

사베치오 페르메산 치즈 30g

화이트 발사믹 비네거 2~3큰술

엑스트라 버진 올리브유 2큰술

면수용 소금 1큰술

소금 약간

후추 약간

TO COOK

1   끓는 물에 소금 *1큰술*을 넣고 스파게티를 *8분간* 삶은 뒤 찬물에
    가볍게 헹구고 체에 밭쳐 물기를 충분히 제거한다.
    삶은 스파게티와 루콜라 잎을 볼에 담아둔다.

2   참치는 캔에서 꺼내 기름을 짜고, 방울토마토는 반으로 자른다.

3   스파게티와 루콜라 잎이 담긴 볼에 참치와 방울토마토를 넣는다.
    화이트 발사믹 비네거 *2큰술*, 엑스트라 버진 올리브유, 소금과 후추를
    약간 넣고 섞는다.

4   레몬은 짜 즙을 만들어 *1작은술*을 넣고 섞은 뒤 간을 보고 취향에
    맞게 소금과 후추를 추가한다. 단맛이 부족하다면 화이트 발사믹
    비네거 *1큰술*을 더 넣는다.

5   접시에 파스타를 옮겨 담고 사베치오 파르메산 치즈를 슬라이스해서
    올린다. 레드페퍼가 있다면 가니시로 올려 마무리한다.

TIP

· 루콜라 대신 다른 야채를 사용해도 좋아요. 쌉쌀한 맛이 나는 채소가 잘 어울려요.

감자 브로콜리니 바질페스토 링귀네

‘브로콜리니’는 ‘브로콜리’와 중국 브로콜리라고 불리는 ‘카이란’을 접목해
서 만든 채소다. 아스파라거스처럼 줄기가 단단해서 노릇하게 구워 콜드 파
스타에 가니시로 곁들이기 좋다. 게다가 상큼한 바질페스토와 정말 잘 어울
린다. 브로콜리니만으로는 아쉬우니 포슬포슬하게 삶은 감자를 기름에 구워
함께 곁들인다. 차갑게 식힌 링귀네와 따뜻한 브로콜리니와 감자, 향만 맡아
도 군침이 도는 바질페스토를 무심하게 넣어 슥 비벼 먹으면 근심 걱정이 사
라지는 포근한 맛을 느낄 수 있다.

Linguine with Potatoes, Broccolini and Basil Pesto

INGREDIENT

링귀네 90g
바질페스토 30g
브로콜리니 2개
작은 감자 2개(큰 감자 1개)
파르미지아노 레지아노 치즈 약간
엑스트라 버진 올리브유 4큰술
면수용 소금 1큰술
소금 약간
후추 약간

1   감자는 15분간 삶는다. 젓가락으로 찔렀을 때 손가락 한 마디 정도
     들어가면 건져내어 껍질을 깐다.

2   끓는 물에 소금 1큰술을 넣고 링귀네를 8분간 삶은 뒤 찬물에 가볍게
     헹구고 체에 밭쳐 물기를 충분히 제거한다.

3   브로콜리니는 줄기에 붙은 이파리를 떼어내고 세로로 2등분한다.
     삶은 감자는 5mm 두께의 반달 모양으로 썬다.

4   약불에 팬을 올리고 올리브유 1큰술을 두른 뒤 브로콜리니를 소금과
     후추로 간하며 굽는다. 감자도 올리브유 1큰술을 두르고 같은
     방식으로 굽는다.

5   볼에 링귀네와 구운 브로콜리, 감자를 넣고 올리브유 2큰술과 소금,
     후추를 약간 넣고 섞는다.

6   접시에 파스타를 옮겨 담고 바질페스토를 1작은술씩 군데군데 나눠
     올린다. 마지막으로 파르미지아노 레지아노 치즈를 갈아 뿌린다.

TIP

· 바질페스토가 짭짜름하기 때문에 중간중간 소금 간은 약하게 해주세요.

베이컨 아이올리소스 푸실로네

아이올리는 지중해식 요리의 대표적인 소스로 마늘, 올리브유, 달걀노른자 등을 넣어 만든다. 나는 달걀노른자 대신 주로 마요네즈를 넣는다. 마요네즈를 사용하면 핸드믹서 없이 바로 만들 수 있어 편하기 때문. 대신 올리브유는 향이 진하고 신선한 제품을 사용하는 것이 좋다. 푸실로네는 푸실리보다 크기가 좀 더 커서 입에 가득 넣어 씹는 맛이 일품이라 콜드 파스타용으로 좋다. 통베이컨과 새송이버섯을 푸실로네와 비슷한 크기로 썰어서 굽고 한데 모아 아이올리소스와 버무리면 완성이다. 크리미한 소스에는 레몬 제스트와 이탈리안 파슬리를 넣어 신선한 향을 더하는 것이 좋다. 지인들에게 만들어주었더니, 오래전 피자 체인점의 샐러드 바에 있던 차가운 크림 파스타의 고급 버전 같다는 평을 남겼다. 의도치 않게 어릴 적 향수를 불러일으키는 추억의 맛을 발견한 기분!

INGREDIENT

 25min

- 푸실로네 80g
- 통베이컨 80g
- 새송이버섯 1개
- 레몬 1/2개
- 다진 마늘 1/2작은술
- 이탈리안 파슬리 2줄기
- 마요네즈 2큰술
- 올리고당 1큰술
- 엑스트라 버진 올리브유 3큰술
- 면수용 소금 1큰술
- 소금 약간
- 후추 약간

2

3

4

5

6

1 끓는 물에 소금 1큰술을 넣고 푸실로네를 9분간 삶은 뒤 찬물에
   가볍게 헹구고 체에 밭쳐 물기를 충분히 제거한다.

2 새송이버섯과 통베이컨은 푸실로네와 비슷한 두께 및 크기로 썰고,
   이탈리안 파슬리는 잘게 다진다.

3 약불에 팬을 올리고 올리브유 1큰술을 두른 뒤 새송이버섯을 겉면이
   노릇해질 때까지 굽는다. 통베이컨은 올리브유 없이 노릇하게 굽는다.

4 작은 볼에 다진 이탈리안 파슬리, 마요네즈, 올리고당, 다진 마늘,
   올리브유 2큰술, 소금과 후추를 약간 넣고 섞는다.

5 이어서 레몬을 짜 즙을 만들어 1/2큰술 넣고, 그레이터로 레몬
   껍질을 갈아 넣은 뒤 골고루 섞어 아이올리소스를 만든다.

6 볼에 푸실로네와 구운 통베이컨, 새송이버섯, 아이올리소스를 넣고
   잘 섞는다. 간을 보고 취향대로 소금과 후추를 추가해 마무리한다.

TIP

· 냉장고에 반나절 정도 보관해서 차갑게 먹어도 맛있어요.
· 좀 더 고소한 맛을 원한다면 마요네즈를 1큰술 추가해주세요.
· 새송이버섯 대신 양송이버섯을 넣어도 좋아요.

닭가슴살 완두콩 루마케

루마케는 달팽이 집처럼 생긴 파스타이다. 콜드 파스타는 소스와 면을 함께 볶지 않다 보니 간을 과하게 하는 경우가 생기는데, 루마케는 구멍 속에 소스를 머금을 수 있기 때문에 약간의 소스만으로도 원하는 맛을 낼 수 있어 콜드 파스타에 제격이다. 닭가슴살과 잘 어울리는 오리엔탈 드레싱을 곁들이고 참기름으로 고소함까지 더하면 중독성 강한 짭짜름한 콜드 파스타 완성! 루마케 안에 박힌 완두콩과 애호박, 이탈리안 파슬리의 먹음직스러운 초록빛이 색감을 더하면 입뿐만 아니라 눈도 즐거운 파스타가 탄생한다.

INGREDIENT

30min

루마케 90g

닭가슴살 150g

완두콩 20g

애호박 1/4개

이탈리안 파슬리 7줄기

크러시드 레드페퍼 1/2작은술

오리엔탈 드레싱 2큰술

참기름 1작은술

올리브유 1큰술

면수용 소금 1큰술

소금 약간

후추 약간

1   닭가슴살을 삶아서 식힌 뒤 한입 크기로 찢고 소금과 후추로 약하게
    간한다.

2   애호박은 *5mm* 두께로 자른 뒤 가늘게 채 썰고, 이탈리안 파슬리는
    손가락 한 마디 크기로 자른다.

3   끓는 물에 소금 *1큰술*을 넣고 루마케를 *8분간* 삶다가 썰어둔
    애호박과 완두콩을 넣고 *1분간* 함께 삶는다. 모두 건져내 찬물에
    가볍게 헹구고 체에 밭쳐 물기를 충분히 제거한다.

4   볼에 루마케와 애호박, 완두콩, 찢어둔 닭가슴살, 이탈리안 파슬리를
    넣고, 오리엔탈 드레싱, 올리브유, 참기름, 크러시드 레드페퍼를 뿌려
    섞는다. 취향에 맞게 소금을 추가한다.

5   접시에 파스타를 옮겨 담고 후추를 뿌려 마무리한다.

TIP

· 냉동 완두콩을 사용해도 좋아요.

· 이탈리안 파슬리는 향이 강한 편이에요. 취향에 따라 조절해주세요.

캐슈넛페스토 펜네

캐슈넛은 진한 풍미를 지닌 견과류다. 캐슈넛을 볶아 올리브유, 파르미지아노 레지아노 치즈와 함께 갈아내면 고소하고 크리미한 캐슈넛페스토를 만들 수 있다. 캐슈넛페스토로 파스타를 만들 때는 롱 파스타보다는 펜네같이 짧고 구멍이 있는 파스타를 사용하는 것이 좋다. 아삭한 식감의 볶은 채소와 펜네를 캐슈넛페스토에 버무리고 베이컨 칩까지 뿌려주면 짭짜름하면서도 고소한, 그리고 씹는 식감까지 극대화한 맛을 경험할 수 있다. 생경한 조합처럼 보이겠지만 한번 맛보면 자주 만들어 먹게 되는 매력적인 파스타다.

INGREDIENT

35min

펜네 90g
캐슈넛 70g
미니양배추 5개
베이컨 20g
줄기콩 5개
파르미지아노 레지아노 치즈 60g
엑스트라 버진 올리브유 5큰술
면수용 소금 1큰술
소금 1작은술
후추 약간

TO COOK

1   끓는 물에 소금 1큰술을 넣고 펜네를 9분간 삶은 뒤 찬물에 가볍게
     헹구고 체에 밭쳐 물기를 충분히 제거한다.

2   베이컨은 칩 모양으로 잘게 썰고, 미니양배추는 2등분한다. 줄기콩은
     꼬투리의 양쪽 끝부분을 자른다.

3   오븐용 그릇에 베이컨을 넣고 오븐에서 170도로 15분간 굽는다.
     오븐 기종에 따라 타지 않게 온도와 시간을 조절한다.

4   약불에 팬을 올리고 캐슈넛 70g을 3분간 노릇하게 볶은 뒤 그릇에
     담아 식힌다.

5   다시 약불에 팬을 올리고 올리브유 1큰술을 두른 뒤 미니양배추와
     줄기콩을 노릇하게 굽고 소금과 후추로 간한다.

6   믹서에 구운 캐슈넛, 간 파르미지아노 레지아노 치즈, 올리브유
     4큰술, 소금과 후추를 약간 넣고 돌려서 캐슈넛페스토를 만든다.

7   볼에 삶은 펜네와 미니양배추, 줄기콩을 넣고, 캐슈넛페스토는 조금씩
     넣어가며 버무린다. 취향에 맞게 소금과 후추를 추가한다.

8   접시에 파스타를 옮겨 담고 베이컨 칩을 뿌려 마무리한다.

TIP

· 캐슈넛페스토를 너무 많이 넣으면 느끼할 수 있어요. 조금씩 맛을 보면서 넣으세요.
· 남은 캐슈넛페스토는 스프레드로 사용하거나 샐러드 소스로 활용하면 좋아요.

페타 치즈 샐러드 카사레차

카사레차는 양쪽으로 돌돌 말린 종이를 연상시키는 나선형으로 꼬인 쇼트 파스타이다. 일반 파스타보다 좀 더 묵직한 식감이 특징인 카사레차는 눅진한 소스와도 잘 어울리지만, 나는 가벼운 콜드 파스타에 사용하는 것을 더 선호한다. 여름에 자주 먹는 페타 치즈 샐러드에 곁들이면 치즈와 채소의 가벼운 식감 틈에서 꼬들꼬들하고 묵직한 식감의 카사레차가 균형을 꽉 잡아준다. 그리고 사과가 들어간 새콤달콤한 발사믹 비네거를 드레싱으로 사용해 페타 치즈 특유의 짭짜름한 맛을 더욱 살려준다. 더운 여름날에 즐기는 신선한 한 끼로도 좋고, 다른 메인 요리에 곁들이는 사이드 메뉴로도 손색없다.

INGREDIENT

카사레차 80g
페타 치즈 150g
방울토마토 5개
오이 1/2개
양파 1/2개
아스파라거스 2개
이탈리안 파슬리 1줄기
레몬 1/4개
발사믹 비네거 2큰술
올리고당 1작은술
엑스트라 버진 올리브유 3큰술
면수용 소금 1큰술
소금 약간
후추 약간

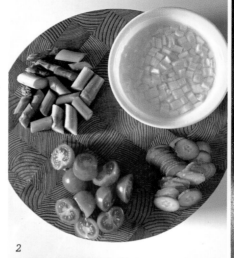

1   끓는 물에 소금 1큰술을 넣고 카사레차를 10분간 삶은 뒤 찬물에
     가볍게 헹구고 체에 밭쳐 물기를 충분히 제거한다.

2   양파는 잘게 썰어 찬물에 담가 매운맛을 뺀다. 방울토마토는 2등분,
     아스파라거스는 손가락 한 마디 길이로 썰고, 오이는 얇게 썬다.

3   약불에 팬을 올리고 올리브유 1큰술을 두른 뒤 아스파라거스를
     2분간 볶는다.

4   페타 치즈는 가로세로 1.5cm 크기의 정육면체 모양으로 썬다.

5   볼에 카사레차, 아스파라거스, 방울토마토, 양파, 오이를 넣고 발사믹
     비네거, 올리브유 2큰술, 올리고당, 소금과 후추를 약간 넣고 섞는다.
     간을 보고 취향에 맞게 발사믹 비네거, 소금, 후추를 추가한다.

6   접시에 파스타를 옮겨 담고 레몬을 짜 즙을 한 바퀴 둘러 넣은 뒤
     이탈리안 파슬리 줄기에서 뜯은 이파리를 뿌려 마무리한다.

TIP

· 페타 치즈가 짭짤한 편이기 때문에 치즈와 파스타를 함께 먹어보고 간을 하세요.
· 아몬드, 호두 등 견과류를 부숴 올려도 좋아요.

구운 마늘 크런치 머스터드 통밀 푸실리

'콜드 파스타' 하면 가볍고 산뜻한 맛의 파스타를 떠올리기 쉽지만, 이 파스타는 조금 다르다. 마늘, 초리소, 크런치 머스터드 같은 묵직하고 진한 풍미의 재료들이 잔뜩 들어간다. 어느 날 오일 파스타를 만들려고 앞서 말한 재료들을 꺼냈다가 발사믹 비네거를 발견하고 콜드 파스타로 만들어봐도 좋겠다는 생각이 갑자기 떠올랐다. 아니나 다를까, 색다른 콜드 파스타가 탄생했다. 올리브유에 바삭하게 구운 마늘과 초리소가 새콤달콤한 발사믹 비네거를 만나 풍부한 맛을 내고, 푸실리 사이사이에 낀 톡톡 튀는 크런치 머스터드가 산뜻한 알싸함을 더한다. 강렬하면서도 조화로운 '단짠단짠'의 맛. 한 끼 식사로도 제격이다.

INGREDIENT

25min

통밀 푸실리 80g
초리소 20g
마늘 6쪽
그라나 파다노 치즈 30g
크런치 머스터드 1큰술
발사믹 비네거 2큰술
올리브유 2큰술
면수용 소금 1큰술
소금 약간
후추 약간

1   끓는 물에 소금 1큰술을 넣고 통밀 푸실리를 9분간 삶은 뒤 찬물에
    가볍게 헹구고 체에 밭쳐 물기를 충분히 제거한다.

2   초리소는 5mm 너비로 길쭉하게 썰고, 마늘은 편으로 썬다.

3   오븐용 그릇에 초리소와 마늘을 담고 올리브유를 둘러 섞은 뒤
    소금과 후추를 약간 뿌린다. 오븐에서 170도로 10분간 굽는다. (오븐
    기종에 따라 온도와 시간을 조절한다.)

4   볼에 삶은 푸실리와 구운 초리소, 마늘을 넣는다. 크런치 머스터드,
    발사믹 비네거, 소금, 후추를 약간 넣고 섞는다. 간을 보고 취향에 맞게
    소금과 후추를 추가한다.

5   그라나 파다노 치즈를 갈아 넣고 섞은 뒤 접시에 옮겨 담는다.

TIP

· 사과 혹은 무화과가 첨가된 달콤한 발사믹 비네거를 사용하면 더 맛있어요.
· 4번 단계에서 초리소와 마늘을 굽고 남은 기름을 조금 첨가해도 좋아요.

선요의 일상 파스타

1판 1쇄 펴냄 2024년 5월 31일
1판 2쇄 펴냄 2024년 11월 15일

지은이 선요

편집 김지향 길은수
교정교열 신귀영
디자인 onmypaper
표지·화보 사진 박혜정(스튜디오 에이치)
미술 김낙훈 한나은 김혜수 이미화
마케팅 정대용 허진호 김채훈 홍수현 이지원 이지혜 이호정
홍보 이시윤 윤영우
제작 임지헌 김한수 임수아 권순택
관리 박경희 김지현

펴낸이 박상준
펴낸곳 세미콜론
출판등록 1997. 3. 24. (제16-1444호)
06027 서울특별시 강남구 도산대로1길 62
대표전화 515-2000 팩시밀리 515-2007
편집부 517-4263 팩시밀리 515-2329

ISBN 979-11-92908-72-4 13590

세미콜론은 민음사 출판그룹의
만화·예술·라이프스타일 브랜드입니다.
www.semicolon.co.kr

트위터 semicolon_books
인스타그램 semicolon.books
페이스북 SemicolonBooks
유튜브 세미콜론TV